—— 八闽茶韵 ——

福鼎白茶

福建省人民政府新闻办公室　编

主　编：陈兴华

编　委：王千潮　钟而赞　吴守峰　雷顺号
　　　　冯文喜　杨应杰　林乃设　陈　迪
　　　　李畏畏

海峡出版发行集团｜福建科学技术出版社
THE STRAITS PUBLISHING & DISTRIBUTING GROUP | FUJIAN SCIENCE & TECHNOLOGY PUBLISHING HOUSE

图书在版编目（CIP）数据

福鼎白茶 / 福建省人民政府新闻办公室编；陈兴华主编. —福州：福建科学技术出版社，2019.6（2022.10重印）

（"八闽茶韵"丛书）

ISBN 978-7-5335-5800-0

Ⅰ.①福… Ⅱ.①福… ②陈… Ⅲ.①茶文化－福鼎 Ⅳ.①TS971.21

中国版本图书馆CIP数据核字（2018）第298929号

书　　名	福鼎白茶	
	"八闽茶韵"丛书	
编　　者	福建省人民政府新闻办公室	
主　　编	陈兴华	
出版发行	福建科学技术出版社	
社　　址	福州市东水路76号（邮编350001）	
网　　址	www.fjstp.com	
经　　销	福建新华发行（集团）有限责任公司	
印　　刷	福建新华联合印务集团有限公司	
开　　本	700毫米×1000毫米　1/16	
印　　张	10	
图　　文	160码	
版　　次	2019年6月第1版	
印　　次	2022年10月第3次印刷	
书　　号	ISBN 978-7-5335-5800-0	
定　　价	48.00元	

书中如有印装质量问题，可直接向本社调换

序　言

梁建勇

　　"八闽茶韵"丛书即将出版发行。以茶文化为媒，传承优秀传统文化，促进对外交流，很有意义。

　　福建是中国茶叶的重要发祥地和主产区之一。好山好水出好茶，八闽山水钟灵毓秀，孕育了独树一帜福建佳茗。早在 1600 年前，福建就有了产茶的文字记载。北宋时，福建的北苑贡茶名冠天下，斗茶之风风靡全国，催生了蔡襄的《茶录》等多部茶学名作，王安石、苏辙、陆游、李清照、朱熹等诗词名家在品鉴闽茶之后，留下了诸多不朽名篇。元朝时，武夷山九曲溪畔的皇家御茶园盛极一时，遗址至今犹在。明清时，福建人民首创乌龙茶、红茶、白茶、茉莉花茶，丰富了茶叶品类。千百年来，福建的茶人、茶叶、茶艺、茶风、茶具、茶俗，积淀了深厚的茶文化底蕴，在中国乃至世界茶叶发展史上都具有重要的历史地位和文化价值。

　　茶叶是文化的重要载体，也是联结中外、沟通世界的桥梁。自宋元以来，福建茶叶就从这里出发，沿着古代丝绸之路、"万里茶道"等，远销亚欧，走向世界，成为与丝绸、瓷器齐名的"中国符号"，成为传播中国文化、促进中外交流的重要使者。

当前，福建正在更高起点上推动新时代改革开放再出发，"八闽茶韵"丛书的出版正当其时。丛书共 12 册，涵盖了福建茶叶的主要品类，引用了丰富的历史资料，展示了闽茶的制作技艺、品鉴要领、典故传说和历史文化，记载了闽茶走向世界、沟通中外的千年佳话。希望这套丛书的出版，能让海内外更多朋友感受到闽茶文化韵传千载的独特魅力，也期待能有更多展示福建优秀传统文化的精品佳作问世，更好地讲述中国故事、福建故事，助推海上丝绸之路核心区和"一带一路"建设。

2019 年 2 月

目　录

一

海上仙都产灵芽

一

如果要我给天下名山排个座次，居首的一定是太姥山。情有独钟固然与她坐落家乡福鼎有关，更主要的还是因为她的神奇秀丽。东方朔受汉武大帝的旨意品定天下名山，以太姥山为魁首，赐誉"天下第一山"，这五个字今天还镌刻在山中白云峰的一块岩石上。传说自有来处，太姥山的美，千百年来一直为乡人所钟爱，也在有幸一游的过客旅人笔墨中留下秀姿丽影，这是不争的事实。

滨海而立的太姥山，集山海川岛于一体，风光海景，美不胜收，素有"山海大观"之称。传说东海诸仙以此山灵秀，每年相约山中聚会，她因此又被称作"海上仙都"。峰险、石奇、洞幽、雾幻，合称"四绝"。这是大自然的鬼斧神工，而风物与人文的契合，便是造化与人的灵犀相通。

太姥山的峰险、石奇、雾幻（施永平摄）

3

从来名山产名茶，太姥山区得天独厚的自然生态，孕育了品质优良的两种茶树——福鼎大白茶和福鼎大毫茶；独具特色的风土又哺育了一方人文，崇尚自然、和谐的福鼎人以独特的工艺创造了独步天下的福鼎白茶。茶与山结缘、相知，演绎出一段传唱千年的美丽神话；茶因山获得滋养，山因茶而更灵秀、更蕴藉。

太姥山洞幽（陈兴华摄）

福鼎大白茶

福鼎大毫茶（陈昌平摄）

（一）神话如歌

在以福鼎为中心的闽浙边界一带，千百年来一直流传着太姥娘娘种茶治病的神话传说。

上古，太姥山区麻疹流行，危及许多小儿生命。山下才堡村的蓝姑看在眼里急在心上，日思夜想求药治病的办法。精诚所至，感动神灵，某夜有仙人梦中指点，告知太姥山中有一株奇树，芯叶可以医治眼前病患。蓝姑随即入山，攀石越岭，披荆斩棘，终于在鸿雪洞顶找到这株仙树，采叶制茶，冲泡煎熬，供病儿服食，治愈了疾病，消弭了疫情。

蓝姑即太姥山的神灵太姥娘娘。有关太姥娘娘身世的传说有多个版本，但不论是哪个版本，都说到她种茶制茶医治麻疹患儿造福桑梓的故事。乡

太姥娘娘治小儿麻疹画

太姥娘娘塑像

白茶公祭仪式——
在太姥娘娘墓前

亲们感念她的恩德，爱她敬她，她在历代的口口相传中逐步神化为心怀大爱、伟力无穷的上天人物，成为太姥山神，岁时祭祀供奉。

太姥山一片瓦景区鸿雪洞顶的那株绿雪芽古茶树，历经千年风霜雨雪，甚至曾遭过斧斤之灾，至今仍枝叶葳蕤生意盎然。今天，它已被收入《中国茶叶大辞典·中国野生茶树种质资源名录》。人们相信，这株野生古茶树是"福鼎大白茶"的始祖，是传说中太姥娘娘当年发现并精心呵护、使之持久造福一方的仙树。

福鼎大白茶古茶树（林乃设摄）

一片瓦得名于一个浅小的岩洞，由一方巨石叠架而成，

沐（陈兴华摄）

是太姥娘娘栖居修道的场所。岩洞边还有一座小塔，为尧封太姥墓。太姥娘娘身世传说中有一个版本为尧帝母，她遍访天下名山，独爱太姥山钟灵毓秀洞天福地，于是留在山中修道。"尧母说"突显太姥娘娘生存时代久远，而据相关文献典籍，有关太姥娘娘的传说至迟在汉代即开始流传，因此当代学者普遍认为太姥娘娘应为闽越人的始祖母，被神话为上古女神。

在人类的幼儿时代，茶首先是药。"神农尝百草，日遇七十二毒，得茶而解之"。一片树叶可以治病救人，先民们在发现了茶的药用功能之初，一定十分惊奇和欣喜，以至视为神物，赋予它传奇的身世，演化为美丽的传说。太姥娘娘种茶制茶治病救人的故事，传递

生态茶园（马英毅摄）

的是这样的确凿信息：以太姥山区为标志符号的福鼎，产茶历史十分悠久，或者竟与"太姥"一样古老；福鼎出产的茶孕育于这方山水，成就于一方人民。

一个见诸于地方文献和当地人口口相传的故事，为"太姥山古茶树是福鼎大白茶的始祖"提供了佐证。清光绪年间，点头镇柏柳村村民陈焕在太姥山中发现了一株奇异的茶树，嫩芽遍披茸毫，雪白晶莹，便挖回家精心加以培植、扩种，先是在本乡，而后逐渐在周边地区推广，成为点头、白琳、磻溪等地茶农的当家品种。

这是"福鼎大白茶"身世的另一个版本。据说陈焕在太姥山中发现古茶树，进而培育出福鼎大白茶，得到了太姥娘娘的指点。他是一个孝子，终年勤耕以求给予父母一份丰赡的日子，却因土地浇薄，一分耕耘难求一分收获，以致生活困窘，衣食有虞。太姥娘娘有感于他的孝心，托梦指示，让他前往太姥山中寻找一棵仙树，取种培植，推广种植，可以发家致富，可以造福桑梓。

晚清光绪一朝至今不过百余年，而早在唐人陆羽的《茶经》里，就已有福鼎产白茶的记载。《茶经》说：永嘉县东三百里有白茶山。专家考证，白茶山即出产福鼎白茶的太姥山。此后，福鼎当地农民种茶制茶、福鼎茶叶远销全国乃至海外的记载便不绝于书。由此，我们或许可以得出这样的结论：在陈焕之前，福鼎大白茶树种在这方土地上已经生长了很久，且已经为当地农民所认识、利用，成为营生产业，并为域外所知；而陈焕，应该是一个为推进茶树品种和加工工艺的改良、创新做出大贡献之人。

福鼎市管阳茶山、茶园（董其泼摄）

神话也罢，民间传说也罢，也许是人们感恩心的一种表达，对于上天对福鼎的赐予；或者是人们对物种与山水的朴素理解，福鼎大白茶、福鼎大毫茶这两个国字号优良茶树品种，是太姥山所代表的福鼎这方土地的独特创造。

（二）这方山水

普洱产云南，龙井出西湖，铁观音钟情安溪，大红袍独爱武夷。天下名茶，吸纳一方水土的精华，带着一方水土的胎记，也凝聚了一方水土的秉性。福鼎白茶当然是、也只能是太姥山水的产物。

第一次听到"北纬27°"这个概念时，觉得很有些不解，它与北纬10°、45°和南纬27°、28°有什么不同吗，难道这一条纬度线藏着什么秘密？行内人告诉我，北纬27°出好茶。

而坐落在北纬26°52′—27°26′的福鼎，恰好坐落在这条"名优茶"带上。

空中俯瞰福鼎，峰峦起伏，满目青翠。它位于福建东北，毗邻浙江温州，东面临海，西、北、南三面环山，世界地质公园、国家级风景区太姥山秀拔于市境东北。全境地势西北高、东南低，总体呈东北、西北、西南向中部和东南部沿海波状倾斜，除溪谷、滨海一带有小面积的平原之外，大多是山地丘陵，后者占陆地面积的九成以上，海拔大多在200—500米。市境东南，海域辽阔，岸线绵延，

福鼎天湖山茶场（陈萍摄）

港湾错杂，岛屿星罗棋布。风光融山海川岛于一身，旖旎妖娆，秀丽迷人。

福鼎的气候、土壤和丰富优质的水资源，也为一方物种的发育、生长、繁衍创设了良好的先天条件。

先说气候。福鼎地处中亚热带季风气候区，海洋性气候特征明显，全年气温适宜，年平均气温 18.5℃，降雨量 1669.5 毫米，相对湿度 80%，山区平均无霜期 228 天，夏无酷暑，冬无严寒，降水丰沛，空气清新。

次说土壤。福鼎境内土壤含红壤、黄壤、紫色土和冲积土等类别，

扦插茶苗需用红壤（吴维泉摄）

pH 值（酸碱度）介于 4—6.3，普遍在 5 左右。这个数值有什么含义呢？这么说吧，土壤肥沃又偏酸性，是出好茶的根本，换一句话说，福鼎全境土壤都适合种茶、出好茶。

再说水资源。福鼎境内溪流交错，水资源丰富且水质优良，全市淡水水域面积 1340 平方千米，年平均水量 16.856 亿立方米，其中地下水为 5.5 亿立方米。科学化验检测显示，福鼎境内的水质，重金属及有害微生物细菌含量低于有机农产品环境标准。

如果对这种表达不太容易理解，那就说两件事。2010 年 3 月，自北向南纵贯福鼎城区的桐山溪飞来两只鸿雁，它们在这里定居产

青山绿水有茶园（张根柱摄）

美丽福鼎桐江（施永平摄）

卵、繁育后代。鸿雁是国家二级保护动物，对环境的清洁度尤其敏感。与它们一样特别爱干净的白天鹅，也曾夫唱妇随、携妇将雏在桐山溪上栖居，由此成就了一段全城保护天鹅行动的佳话。

桐山溪位于福鼎城区，尚且能保有如此优良的水质，更何况乡村、山区？ 2011 年 8 月间，专家在太姥山九鲤溪景区的峡谷中，发现了大量的濒危物种桃花水母。这是非常古老的生物，唯其古老，对环境质量的要求十分苛刻，太姥山区原生态的水域和周围自然环境，对于它们来说是不可多得的宜居家园。

地理、气候、土壤、水源，共同创造了福鼎优良的生态环境。市境内植被丰厚，森林覆盖率达 65% 以上，一年四季绿意葱茏；空气质量保持优良，在福建省内长期居于前列。这是一方适宜人类居住的福地，境内的马栏山、棋盘山等多处古人类社会生活遗址告诉人们，早在新石器时代，即有闽越先人在福鼎境内生活、繁衍。而优良的生态环境也成为孕育、孵化茶树良种的温床，这片土地哺育了多个茶树良种，其中福鼎大白茶、福鼎大毫茶无疑是其中的杰出代表。

（三）绿雪灵芽

第一次听到它，读到它，就醉了。"绿雪芽"——是哪位天人，创造了这样一个美得让人晕眩的名字！

那一片芽芯，抖擞着精神，亭亭玉立在绿叶之上，如翡翠玉针，却浅浅地披着一层白毫，沾琼带露，欲语还羞，莹润，通透，轻盈，神秘，简直就是一个个惹人怜爱的小小精灵。

周亮工在《闽小记》中记载："太姥山有绿雪芽茶。"周亮工为明末清初人，在他的时代，太姥山和绿雪芽之名"古已有之"，且已盛名远扬，甚至太姥山鸿雪洞顶的那株古茶树和附着于它身上的美丽传说，它神奇的

福鼎大毫茶茶芽（刘启摄）

—————
白茶

药用功效和市场知名度、价值，已经不限于国内，而走出国门了。

在周亮工时代，绿雪芽又多了一个俚俗而朴素的名字，叫白毫茶。与绿雪芽一样，这个名称也一直流传到今天。在我看来，它们暗示了一个历史事实：明清时期乃至更早，福鼎大白茶和福鼎大毫茶这两个优良茶树品种已在福鼎广为种植，之前有如仙草圣药一般的绿雪芽，已经成为当地百姓的重要经济作物。

无论是唐陆羽的"白茶山"，还是周亮工的"太姥声高绿雪芽"，都证明了福鼎大白茶、福鼎大毫茶是福鼎这方水土的原生物种，早在千年之前即为人们所发现、加以开发利用。在长期的培育种植实践中，品种又不断得以改良、提升，不断获得更大的市场和更大的知名度。

选择不同的芽叶组合而制作，形成了福鼎白茶的不同名品。"白毫银针""白牡丹""贡眉""寿眉"，听到这些名词，会想到什么？

如银针玉立，如牡丹花开，如蔼蔼长眉，散发出纯净的色泽，蕴藉着飘逸的情思。这样的好茶，即使在那个步行牛马走时代，也已经名扬天下，1915 年，白毫银针在巴拿马万国博览会捧得金奖，只是其中的一次罢了。

民间和市场的认可来自于生活实践，给予权威认定的是科学论证。1965 年和 1973 年，福鼎大白茶、福鼎大毫茶两度被确定为全国推广良种，并列为全国区域试验的标准对照种；1985 年，福鼎大白茶、福鼎大毫茶同时被全国农作物品种审定委员会认定为国家品种，编号分别为 GS13001—1985、GS13002—1985，俗称为"华茶 1 号""华茶 2 号"。

福鼎大毫茶茶园（吴维泉摄）

在《中国茶树品种志》中，"福鼎大白茶""福鼎大毫茶"被列在77个国家审定品种的第一位和第二位，书中对它们做了这样的描述：

福鼎大白茶

又名白毛茶，简称福大。无性系，小乔木型，中叶类，早生种。原产福鼎市点头镇柏柳村，已有100多年栽培史，主要分布于福建东北部茶区。20世纪60年代后，福建和浙江、湖南、贵州、四川、江西、广西、湖北、安徽、江苏等省区大面积栽培。

特征：植株较高大，树姿半开张，主干较明显，分枝较密，叶片呈上斜状着生。叶椭圆形，叶色绿，叶面隆起，有光泽，叶缘平，叶身平，叶尖钝尖，叶齿锐较深密，叶质较厚软。芽叶黄绿色，茸毛特多，一芽三叶百芽重63克。花冠直径3.7厘米，花瓣7瓣，子房茸毛多，花柱3裂。

特性：春茶萌发期早，芽叶生育力强，发芽整齐，密度大，持嫩性强。一芽三叶盛期在4月上旬中。产量高，每亩可达200千克以上。春茶一芽二叶干样含茶多酚14.8%、氨基酸4.0%、咖啡碱3.3%、水浸出物49.8%。

适制红茶、绿茶、白茶，品质优。制烘青绿茶，条索紧细，色翠绿，白毫多，香高爽似果香，味鲜醇，是窨制花茶的优质原料；制工夫红茶，条索紧结细秀，色泽乌润显毫，香高味醇，汤色红艳，是制白琳工夫之优质原料；制白茶，芽壮色白，香

福鼎大白茶茶树

鲜味醇，是制白毫银针、白牡丹的原料。抗性强，适应性广。扦插繁殖力强，成活率高。

福鼎大毫茶

简称大毫。无性系，小乔木型，大叶类，早生种。原产福鼎市点头镇汪家洋村，已有百年栽培史，主要分布在福建茶区。20世纪70年代后，江苏、浙江、四川、江西、湖北、安徽等省区大面积栽培。

特征：植株高大，树姿较直立，主干显，分枝较密。叶片呈水平或下垂状着生，叶椭圆或近长椭圆形，叶色绿，富光泽，叶面隆起，叶缘微波，叶身稍内折，叶尖渐尖，叶齿锐浅较密，叶质厚脆。花冠直径4.3—5.2厘米，花瓣7瓣，子房茸毛多，花柱3裂。

特性：春茶萌发期早，芽叶生育力强，发芽整齐，密度大，持嫩性较强。芽叶黄绿色，肥壮，茸毛特多，一芽三叶百芽重104克。春茶一芽二叶干样含茶多酚17.3%、氨基酸5.3%、咖啡碱3.2%、水浸出物47.2%。产量高，每亩可达200—300千克。

适制红茶、绿茶、白茶。制烘青绿茶，条索肥壮，色翠绿，白毫多，香气似栗香，味醇和；制工夫红茶，条索肥壮显毫，色泽乌润，香高味浓，汤色红浓；制白茶，外形肥壮，白毫密披，色白如银，香鲜爽，味醇和，是制白毫银针、白牡丹的优质原料。抗性强，适应性广。扦插繁殖力强，成活率高。

清明前福鼎大毫茶芽头

它们即使生长于同一个家园，汲取同一方水土的营养，天生丽质却也自有所得，各领风骚。然而，一旦移居异乡，品质却大打折扣，以之为原料生产的茶叶品质也远远不如福鼎本地所产。正所谓一方水土一方物产，福鼎白茶从它的源头原料到制作工艺，都深深地打上了福鼎的烙印，成为福鼎独有物种的同时也成为地方人文的标志性符号。

（四）一枝独秀

细细端详，你便能注意到福鼎大白茶和福鼎大毫茶芽叶的差异，后者叶质更肥厚、丰盈，针芽更壮硕、坚挺。如果把大白茶比作小家碧玉，纤巧而清弱，后者则多一份大家闺秀的气度，雍容而丰赡。

百年福鼎大毫茶茶树

早逢春茶树

3月1日采摘的早逢春芽

白琳菜茶

福鼎大毫茶芽叶

福鼎陆域面积 1461 平方千米，全境宜茶，这方福地不仅孕育了福鼎大白茶、福鼎大毫茶两个国优茶树良种，还有歌乐茶、早逢春、翠岗早、福云 6 号、白琳菜茶等丰富的茶树良种。这些茶树的芽叶，都是制作白茶的原材料。其中佼佼者，当然非福鼎大白茶、福鼎大毫茶莫属，而福鼎大毫茶又占据了绝对的优势。

在福鼎，不仅茶科技工作者、茶叶加工工艺师，就是茶农也知道，福鼎大毫茶是制作福鼎白茶的最佳材料。他们会对你说：福鼎大毫茶天生就是做福鼎白茶用的，尤其是制作福鼎白茶中的上品白毫银针和白牡丹。

福鼎大毫茶新芽芽叶肥壮，遍披白毫，色白如银，芽茸毛厚，色白富光泽，且含有一些特别物质，经过福鼎白茶加工工艺制成成品茶后，毫香蜜韵，同时还有花香、果香味。

袁弟顺教授在《中国白茶》一书中这样描述福鼎大毫茶的白毫："白毫是构成白茶品质的重要因素之一，它不但赋予白茶优美的外

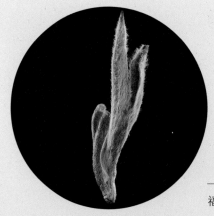

—— 福鼎大毫茶芽叶茸毛显

形，也赋予白茶的毫香与毫味。白毫内含物丰富，其氨基酸含量高于茶身，是白茶茶汤浓度与香气的基础物质之一。"

　　茶农们对大毫茶的钟爱则要质朴得多了。他们会告诉你，大毫茶春茶萌发期早，芽叶生育力强，发芽整齐，密度大，茶园管理也不复杂。清明前后的头春茶，采摘后两三天便又长出新一茬新芽。发芽早意味出产早，芽叶肥壮、发芽整齐且密度大，意味产量高，茶园管理不复杂，意味成本小，综合起来一句话，就是早出产、多出产、效益好。

就像天然璞玉需要人类的雕琢与打磨一样，茶最初作为野生植物，它成长为一种造福人类的经济作物，成为滋润人类生活的优良饮品，是一个对原生的品种不断进行培育改良、对制茶工艺不断探索改进的过程。

福鼎茶叶短穗扦插发明人之一郑秀娥介绍，福鼎大毫茶是在选择插穗母树时发现其具有优良品质，以后就不断繁殖扩大，成为高产优质良种，经鉴定其制白茶的品质特征比福鼎大白茶更好。

早在1958年，福鼎大毫茶经过国家鉴定后便开始向全国推广。然而，它却特别依恋自己的母土。老茶人陈方田回忆，他曾把福鼎大毫茶茶苗推广到安徽、浙江、江西、江苏等地，并在当地种植加工，但移种后生长出来的茶叶品质、芽毫粗壮度与制作后的成品茶远远不如福鼎本地所产。

"淮南之橘，淮北为枳"的典故说的是物种与环境的不可分割，恰恰可以用来比拟福鼎大毫茶对于福鼎这方水土相互依存的密切度，也成就了福鼎白茶原材料品质的地域唯一性。

| 福鼎白茶地理标志保护产品图案 | 福鼎白茶注册商标 |

福鼎市佳阳乡茶园（王正国摄）

福鼎市区莲花岗茶园

当福鼎白茶公共品牌越来越响亮、越亮丽，当福鼎白茶产业在繁荣农村经济、致富一方百姓中发挥着越来越大的作用，福鼎大毫茶的加快推广种植也就成为了必然。尤其是 2007 年以来，在政府的推动下，福鼎大毫茶种植面积不断扩大，并取代福鼎大白茶成为福鼎茶产业的主栽品种。资料显示，在 20 世纪 70 年代之前，福鼎境内主栽茶树品种是福鼎大白茶。今天，福鼎全市拥有茶园面积达 20 多万亩，主栽品种变成了福鼎大毫茶，占比达 80% 以上。

茶园迷宫（点头镇大坪村）

"四千多年天昭昭路遥遥传承至今，我开始意识到，在这个生命力极强的民间传说中流淌着一个源远流长的茶叶起源的故事。"这是作家王宏甲对福鼎白茶穿越时空的体悟。2009 年 7 月，他为太姥山的奇秀、为福鼎白茶的神韵、为太姥娘娘的美丽传说而陶醉，仿佛因此得到天启，油然而生追溯茶叶之源和属于它的历史长流的愿望。或许王宏甲所追溯的，不仅是茶叶生产的源头和它的历史，更是对人类文明创造历史的深情回望，它被托附于一枚如绿雪银针的白茶芯叶，却被赋予无限的人文情怀。

（二）

丝路山水扬美名

一

南方有嘉木。在中国版图之东南，有茶乡福鼎，地处闽浙交接、台海相望的海岸线上。曼妙的中国茶在此萌生发扬，茶香穿透千百年时空，芬芳不绝。福鼎自古便是一个多茶类茶区，至今它拥有"中国白茶之乡""中国名茶之乡""中国茶文化之乡"三项桂冠。

"世界白茶在中国，中国白茶在福鼎"。福鼎白茶是中国茶类的白雪公主，乃世界唯中国特有品种。独特的产地、独特的品种和独特的加工，造就了独步天下的福鼎白茶，成为白茶之"六珍"：珍祥福地、珍稀物种、珍贵茗品、珍宝工艺、珍异妙韵、珍奇功效。

中国白茶之乡

中国名茶之乡

中国茶文化之乡

（一）茶路悠悠

历史垂青福鼎。茶路曼延，茶香千载。早在唐代福鼎就开始种

中国白茶发源地—福鼎

张天福

中国白茶发源地——福鼎

茶，太姥山云蒸霞蔚，气象万千，孕育了千古茶茗。"苍茫忽聚散，仙山缥缈间"，那纵横无数的峰骨石肌、洞巢崖谷、水云溪涧酝酿出泱泱中华最奇瑞的茶品——白毫银针。从陆羽在《茶经》中对福鼎白茶山——太姥山的记载，可见福鼎先民在唐代前已开始种茶。一个茶种铺天盖地栽培成一片茶山，是要经历数十年，甚至上百年时间，到唐代初业已有丰富的茶树栽培和选种技术，茶叶生产已发展相当规模，"白茶山"的信息才会留在了陆羽的传世茶典中。据《中国名茶志》介绍，福鼎大白茶良种可上溯至唐代，此也与《茶

白茶山碑记

经》吻合。

福鼎产的白毫银针这种贡茶，除进贡宫廷供皇帝享受外，也按官职大小和茶叶品质高低赐各诸侯大臣。西安吕氏古墓考古发现的茶针，就印证白毫银针在宋代贵族中流行之广。北宋一朝，能与峨眉"三苏"相提并论者，只有"蓝田四吕"。吕大圭墓出土了一件铜渣斗。渣斗就是宋人存贮残茶剩水的器皿。这件铜渣斗的特别之处在于，它内部保留了清晰的茶叶痕。从外形来看，竟与白茶颇为相似。

元代饮茶习俗更加普及，散茶、饼茶并行，重散略饼。元代御封贡茶"茶之美者，质良而植茂，新芽一发便长寸徐，其细如针，

太姥山寺院（施永平摄）

斯为上品"，当是白毫银针的写照。

　　据《中国名茶志》考证，明代福鼎的白茶就已经是名茶了。明朝茶园所有制只有两种：一是寺院茶园，如福州鼓山寺、宁德支提寺、福鼎太姥山、武夷山天心寺等茶园。二是个体私有茶园。明《广舆记》说"福宁州太姥山出名茶，名绿雪芽"。明代《煮泉小品》记载有白茶的制法。明谢肇淛《太姥山志》载："太姥洋，在太姥山下，西接长蛇岭，居民数十家，皆以种茶樵苏为生。白箬庵……凡五里许始至；前后百亩皆茶园。"谢肇淛《长溪琐语》云："环长溪百里诸山皆产茗。山丁僧俗，半衣食焉。支提、太姥无论，即圣水瑞岩、洪山白鹤，处处有之。"

　　明《福宁州志》载：芽茶 84 斤 12 两，价银 13 两 2 钱 2 分；叶茶 61 斤 11 两，价银 1 两 4 钱 7 分 9 厘。福鼎茶人把制作白毫银针的芽茶收购价格与制作叶茶的白牡丹价格区别开来，这是志书上少有关于茶价格的记载。

　　茶叶成为了商品，如何进入流通领域？最早迁居福鼎桐山西园的高光重在清康熙四十六年（1707）撰写的《自述遭遇状》中写道："此处米不甚贵，但身无余赀，将婢卖与温州陈平甫，得价十四两，恐坐食罄空，留半赀至泰顺、柘洋买茶，复由泰顺发至瑞安。

古官道

茶亭

不想茶无人兑，屯主人家……林周生表兄从瑞安至余家，同至石山，说'前年茶，贼未之抢，是主家私卖了。'余同周生由泰顺赴瑞安与取，主家贫不能还，诉之官，仅得银五两……"从中可以看出高光重的茶叶以陆路往温州方向销售。

福鼎的陆路崎岖难行，北通温州，南可至福州。现境内发现茶亭100多座，这些茶亭都是古官道上供行人歇脚所用，一般五里建一座茶亭。从现存的管阳镇"七蒲桥茶田"碑文可以看出："七蒲桥为闽东边境之要道，西南入闽省腹地，东北通浙江南境。行人往来，比肩继踵，每当炎暑之候，旅客辈莫不挥汗如雨，烦渴欲饮。董孙郑范诸君，鉴及饥思食渴思饮之理，爰于民国拾七年设置茶水以便行人。嗣后董启政君为七蒲桥维持茶水久远计，乃出劝募茶金，幸

———
柏柳横溪桥
茶亭

蒙各方同仁之赞助，庶可集腋成裘，创立茶田而维岁月之茶水，是为志。中华民国壬午年腊月吉旦"，后附有茶田的位置及田租数额、捐助名单等。

　　据文献资料和老一辈挑夫回忆，明清时期从福鼎往南走陆路到福州，需要七天的时间。福鼎茶主要是经过陆路、人力肩挑越过飞鸾而到达福州然后转运国外。随着口岸的开辟，茶叶成为轮船运输的大宗货源，海轮运输的巨大优势（人、财、物力成本上的节省，对天气气候的抵抗性）使得茶叶损坏率相比于陆运茶叶平均少 15% 以上，茶叶运输方

———
茶亭碑

沙埕港

式发生转变。

福鼎临海，且海运发达，并且有天然良港——沙埕港，为茶叶输出提供便利。

（二）沙埕起航

沙埕是地处福建省东北角的一个小避风港，或者说是个小峡湾，乃我国东南天然良港之一。它离福鼎市区 45 千米，北接佳阳畲族乡，东北与浙江省苍南县接壤，西南毗连店下镇，东南临东海，是沿海船民熟知的躲避台风的地方。福鼎原是经营明矾、糖和烟草为主的地区，在鸦片战争前，就经常有船只航行于沙埕和福州、温州之间。到了光绪三十二年（1906）沙埕开埠之后，轮船逐渐代替帆船，成为海上运输的辅助工具。沙埕与上海、温州、敖江、三沙、三都、赛岐、福州、基隆等地都有轮船往来。沙埕作为一个海上港口，是福鼎茶最方便的起运点，而茶叶是最重要的出口商品。

沙埕港曾经是军事要塞。顺治十二年（1655）九月十日，福建巡抚宜永贵残题本载："郑贼扬波闽地，张名振等互相鼓煽，而吴越之乡日无安枕。今据浙抚报称二贼或叁伍百号船，或陆柒拾号，往来不定。甚至掳掠沙埕、潘家阜埠、杨家庄一带，打破前岐。贼势披猖，浙土南北皆为蹂躏……察得沙埕一区为海中孤屿，四面受冲，惟山背一线可达桐山，实为闽藩界第一扼要之处。"明末清初，沙埕港成为郑成功抗清的重要据点，同时也是郑成功进行海上贸易活动站之一。因而沙埕港成为军事要地，但也设立钞关，征收厘金、牙税以充地方财政。税金来源主要依靠土特产茶、烟、明矾、纸、桐油之类的转运。郑成功军队日常用品基本上由福鼎一带供给，茶叶也是日常必需品，白毫银针、白牡丹等白茶具有清热解毒，治疗感冒、水土不服的功效，在缺医少药的日子里，势必被其士兵所推崇。这也为日后白茶在海外广泛传播起到十分重要的作用。

康熙廿二年（1683）清政府收复台湾岛，翌年开放海禁。康熙宣布解除"迁界"，准许百姓回乡各复本业，之后分别在澳门、漳州、宁波、云台山设榷（后称海关）。沙埕港经济贸易自此开始繁荣，福鼎的沙埕与前岐分别设立了海关等机构，沙埕港兴旺一时。正如清朱正元《福建沿海图说》载：北起福鼎，南迄诏安，共 31 个口岸的商船寥寥无几，但沙埕港的商船还有 1000 艘，仅次于厦门港的

沙埕港出海处直通东海

1230艘，居第二位。"同治四年（1865）闽省税厘局成立，下设分局一十四，分卡二十一，共三十五处……其三都、沙埕两处则自轮船通行后所添设，原北路之茶均由此两路出口；至此，福鼎出口的茶叶专门由沙埕港外运。"

沙埕港往外运输的物资主要是明矾和茶叶，茶叶的兴盛带动福鼎经济发展，促进了白琳、巽城、点头、桐山沿海乡村茶叶的生产。清代至民国，白琳成为茶叶集散地，同时成就了内港码头——后岐码头的兴盛。

清《福宁府志》载："茶，郡治俱有，佳者福鼎白琳、福安松罗，以宁德支提为最。"《闽峤輶轩录》载："福鼎县，物产茶。白琳地方为茶商聚集处。"《福鼎县乡土志》（1906）："福鼎出产以茶为大宗，二十年前，茶商糜集白琳，肩摩毂击，居然一大市镇。……

———
沙埕港白茶出口重现（曾云斌摄）

茗，邑产以此为大宗，太姥有绿芽茶，白琳有白毫茶，制作极精，为各阜最。……白、红、绿三宗，白茶岁二千箱有奇，红茶岁两万箱有奇，俱由船运福州销售。绿茶岁三千零担，水陆并运，销福州三分之一，上海三分之二。红茶粗者亦有远销上海。"清代每年从沙埕港输出白茶40吨、绿茶150吨、红茶400吨。

巽城地处沙埕港内，清林嗣元一生在苏州、杭州一带经商达20多年之久（据清人庠

———
沙埕港出口白茶茶箱花（马树霞供图）

生陈道南《赠嗣元七秩寿文》记载），对当时福鼎茶叶如何在众多茶叶中脱颖而出，颇有思考。遂以其人格魅力，联合同行，聚资创立宁帮茶商公所，为福鼎茶商赢得话语权，"宁帮茶商公所，鸠资创立，并订新规，同业便焉"（《福鼎县乡土志》），为福鼎茶叶在江浙一带营销打下了良好基础。

1840年鸦片战争后，清政府采取门户开放政策，福州、厦门成为"五口通商"的两个口岸，茉莉花茶、乌龙茶、白毫银针畅销中外，全闽多地设立了茶厂、茶栈、茶店，省内外茶叶商帮（如晋帮、京帮、津帮及闽帮等）络绎不绝采购、加工、贩卖闽茶，输出中外。白毫银针，清朝主要产于白琳等地，每年茶季都有"广东帮、福建帮"抵福鼎茶区采购"银针茶"。他们把幼嫩的优质名茶运往广东、香港及华南其他地区，把粗老茶输往南洋一带。当时，"白毫银针"原产地的中心集镇——白琳镇乃茶叶集散地，茶叶从四处汇集到白

白琳旧茶行

琳街的茶庄或茶行（36个茶馆），茶叶装箱或装包（内衬竹叶等防湿防潮物）后，由水、陆两条路线运销。大部分的茶叶由海路运出，先用人力肩挑到后岐码头，后船运经由沙埕口岸出口世界各国；少量由陆路运输，用人力肩挑运送，从白琳出发，经福建北路官道，再到罗源中房，过连江，到福州各茶庄、茶厂，加工制成商品茶后销出。

产茶的白琳陆路不能直接到达沙埕，必须船运，这就使得后岐码头迅速发展起来。后岐原是临海渔村，距离白琳2.5千米，便于人力挑送茶叶到后岐码头。后岐码头位于八尺门内港，港道深，大潮4米，小潮3米，最低潮位0.8米，200吨以下船舶通行不受潮水影响，离沙埕港不到40千米，小船可往返后岐与沙埕港之间进行茶叶运输。据史料记载，白琳、磻溪、点头茶叶云集于后岐码头，使其成为19世纪福鼎重要商港之一。

民国前，虽然三都澳成为闽海关，因为沙埕港也可报关，福鼎境内生产的茶叶都是先通过内港码头运抵沙埕港直接外运，运到三都澳港口的偏少。

民国时期通过沙埕港外运的茶叶更为兴盛。《福鼎县交通志》载："清光绪三十二年（1906），英国义和商行150吨轮船通航沙埕港，这是外国籍轮船首次渗入本县港口营运，主要运载烟、茶、什货，往返于沙榕之间。"

茶界泰斗张天福在《福建白茶的调查研究》中写道："白茶制造历史先由福鼎开始，以后传到水吉，再传到政和。以制茶种类说，先有银针，后有白牡丹、贡眉、寿眉；先有小白，后有大白，再有水仙白。……白茶贸易历史，银针在光绪十六年（1890）已有外销，

张天福谈白茶

自 1910 年起继工夫红茶畅销欧美，1912—1916 年为全盛时期。"

1931 年吴觉农到上海商品检验局任茶叶检验处处长，后又兼任浙、皖、赣等省茶叶改良场场长。1936 年，他在福鼎的沙埕设立茶叶检验办事处，专事茶叶的进出口商检业务。

1937 年日本侵华，先后三次大规模轰炸三都岛，对其造成了不可挽回的毁坏，也结束了三都澳一度繁华的贸易历史。随着日寇加强海面封锁，三都澳茶叶出口几乎中断。但虽然抗战爆发，福鼎的茶叶却能走出困境，据考证，主要是福鼎同业商会雇用外国轮船，如意大利德意利士轮船公司、葡萄牙飞康轮船公司的船只，频繁地从沙埕港抢运"白琳工夫""白毫银针"等。在其他港口不能外运之时，福鼎的茶叶却能大量出口，使得福鼎的白毫银针、白琳工夫红茶在海外名声大噪。

从 1940 年的茶叶收购收据物证可以说明当时茶业的繁荣：茶商李华卿向翠郊村石床保周阿本收购白毫茶 10 斤 1 两，付国币 19

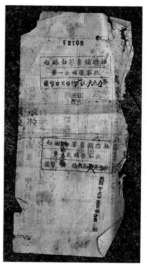

1940 年李得光（李华卿）茶庄收购白毫银针半成品收据

元 1 分整。1940 年，白琳茶叶每 500 克收购价 1.9 元，说明虽处抗战期间，茶叶价格依然很好。

民国时期茶叶价格关系到整个福鼎的民生和经济。《民国福鼎县志》载："……出产有茶、竹、木、纸、炭等，而尤以茶为大宗，各乡之拥巨资开高第者，半由茶叶起家。白琳为闽、广客商荟萃地，尤以茶市中心。本邑凡百销场之喧寂，悉视琳山茶利之盈亏，其关系綦重，有如此者。"

1942 年《太姥山全志》载："陈焕，湖林头村人，光绪间孝子，家贫。一日，诣太姥祈梦，姥示种绿雪芽可自给。焕因将山中茶树移植，初年仅采四五斤，以茶品奇，价与金埒，焕家卒小康。自是，种者日多。至民国元年，全县产量达十万斤矣。"

明代以来至民国期间，福鼎茶叶对外贸易主要销往东南亚和欧美，基本上要依靠海上运输。太姥山山脉的各个村庄、集镇生产的茶叶品质优良，吸引着广东茶商和福州茶商；更重要的是欧美人士喜爱福鼎的白毫银针和白琳工夫红茶。

这个时期茶叶外销：白琳生产的茶叶经过包装后，物流主渠道就是后岐港—沙埕港—福州港或上海港—国内外。店下、巽城一带生产的茶叶物流途经巽城码头—沙埕港外运；桐山、点头的茶叶通过点头码头和桐山水流尾码头经沙埕港外销。

（三）白茶飘香

从清代、民国到中华人民共和国成立初期，福鼎生产的白茶通过沙埕港走向东南亚、欧洲各国，成为欧洲贵族的奢侈品。《中国茶业大辞典》载："白毫银针产品主销德、英等国，欧洲消费者泡饮红茶时，于杯中加若干银针以示珍贵。"

1950—1984年是计划经济时期，茶叶属国家二类物资一级管理，任何单位和个人不得插手收购、贩运，茶叶的内外贸易均由中茶公司统一经营管理。白茶运往省外贸部门由其直接出口，茶叶经营完全按计划生产，白茶销售以外贸出口为主。正是因为茶叶销售渠道管控，国内市场上见不到白茶。即使是有些人见过白茶，也不知晓它就是白茶。福鼎当地茶农家里存放少量白毫银针，本地方言叫"白毛茶针"，作为不时之需的药用。有些茶农晒制一些粗老的茶叶，俗称"白茶婆"或"粗茶婆"，即寿眉，供家里人日常饮用。

1950年中茶公司在闽东成立福鼎茶厂，下设茶叶收购站，专门收购白茶毛茶。同年 12 月，中茶公司华东公司对红、绿毛茶中准价的规定：福建的红毛茶平均不超过每 50 千克 3 石大米，绿毛茶每 50 千克 2.4 石大米，白茶每 50 千克 12 石大米。白茶价格是红茶的 4 倍。

据白琳、点头、磻溪一带老茶人回忆，茶叶收购站收购白茶，需要提前一年向茶农定白毫银针。因为生产白茶需要毫芯粗壮的芽头，对茶园管理有特殊要求，要多施肥，收购部门提前向茶农发放化肥之类物资，以便茶农早作准备。

20 世纪 60 年代，白茶外销比较多，在张天福《福建白茶的调查研究》有详细记载："白茶主销香港（占 80%—90%），其次为马来亚、新加坡。西德、荷兰、法国、瑞士等国家也有少量需要。白茶输出量约占本省对资出口各类茶叶 10% 的比重。每公吨银针可值 15500 美元，特级白

1976 年国营白琳茶厂

计划经济时期采摘茶叶

国营福鼎茶厂汽车运输茶叶

牡丹 4300 美元，特级贡眉 2900 美元，寿眉 900 美元。年可换回约20 万美元的外汇。"

1963 年后，国营白琳茶厂采用室内热风萎凋技术生产白茶获得成功，改变了原有靠天吃饭的不利因素，大大提高白茶产量。1984年后，茶叶市场开放，但是白茶销售主渠道还是以外贸出口为主；福鼎生产白茶的厂家只有国营白琳茶厂，生产量只有 500 吨左右。1993 年国营茶厂改制，白琳茶厂耿宗钦等人成立专门生产白茶的工厂，依然延续与外贸公司签订购销合同，把白茶销往国外，白茶在国内市场依然很少见。这个时期由于白茶外销主渠道在欧美，因此对白茶的农残方面要求都是按欧盟标准。

计划经济时期，白茶参加国内的比赛，就获得大奖。20 世纪 80年代，福鼎白茶三度被授予"全国名茶"称号，1982 年白毫银针荣膺商业部全国名茶评比第二名；1982 年、1986 年、1990 年"白毫银针"荣获第一、第二、第三次全国名茶评审会全国名茶奖；1986 年、1988 年白毫银针的包装品"太姥银毫"获国家轻工部优质奖、首届中国食品博览会金奖。

在计划经济时期，国家每年都要向福建省茶叶部门调拨白茶给国家医药总公司做药引（配伍），配制成非常高级的药。这也是白茶国内销售的渠道。

2000 年后，茶叶专家骆少君研究员在多个场合推介白茶，她感慨："福鼎白茶是我国茶叶大家族中墙内开花墙外香的名门望族，"她还说："不仅美国，瑞典斯德哥尔摩医学研究中心的研究也表明，白茶杀菌和消除自由基作用很强。30 年前我就极力推介白茶，今天更要大声呼吁。"

2007年4月，福鼎市成立福鼎市茶业发展领导小组，由时任市委副书记陈兴华担任组长，组成人员涵盖市委、人大、政府、政协四套班子分管领导，以及涉茶相关单位行政一把手，标志着福鼎茶业发展进入了一个有组织、有策略、有规划的全新发展阶段。同年，福鼎市委、市政府出台《关于进一步推动茶产业发展的若干意见》，提出"白茶复兴20条"政策，以"福鼎白茶"为公共品牌把所有的白茶都统一起来，进行多方位、多渠道推广宣传，并统一宣传口径，综合了福鼎白茶的三大特性：地域唯一性、工艺天然性、功效独特性。2013年福鼎白茶在央视播放广告，2015年以来央视连续四年直播福鼎开茶节盛况。福鼎茶企也共同努力，在打造福鼎白茶这一名片的同时，打造自身品牌。

经过十年的不懈努力宣传推广福鼎白茶，福鼎白茶取得一系列的荣誉：2008年福鼎白茶被国家质检总局正式公布为国家地理标志保护产品，入选2008北京奥运五环茶；成为中国人民解放军三军仪仗队的特供用茶。2010年福鼎白茶被认定为中国名牌农产品和上海世博十大名茶，并荣获中国驰名商标，"品品香""绿雪芽""六妙"牌白茶又荣获中国驰名商标。2012年福鼎白茶制作技艺作为第八类传统技艺——

国家级非物质文化遗产——福鼎白茶制作技艺

福鼎白茶荣获中国驰名商标

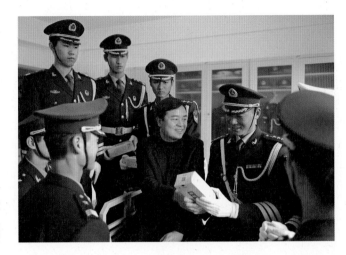

中国人民解放
军三军仪仗队
纪念茶

白茶制作技艺唯一代表，列入国
家非物质文化遗产正式名录。

"福鼎白茶"被评为"中华文化
名茶""米兰百年世博中国名茶
金奖""中国白茶标志性十大品
牌""中国优秀茶叶区域公用品
牌"，福鼎白茶文化系统入选农

福鼎白茶荣获百年世博中国名茶金奖

业部第四批中国重要农业文化遗产名单，国家白茶特色小镇落户福
鼎。自 2010 年以来，福鼎白茶连续九年进入"中国茶叶区域公用品
牌价值十强"，2018 年品牌价值评估 38.26 亿元。2016 年国家质检
总局评估福鼎白茶区域品牌价值为 95.36 亿元。

福鼎白茶产量从 2006 年的 1000 吨增长到 2017 年的 1.37 万吨。
销售出口比例倒转，由原来全部出口，转为出口占比不到 10%。国
内白茶的声誉渐高，形成了墙内开花墙内墙外都香的局面。

（四）丝路花开

　　白茶沿着海丝之路走向海外，扬名天下。早在 1915 年巴拿马万国博览会上，福州马玉记的茉莉白毫银针获得金奖，而点头柏柳村梅筱溪正是马玉记老板的供茶商。在 1946 年梅筱溪《筱溪陈情书》中有载："蒙马玉记老板视余诚实朴俭，生意另眼相看，民国甲寅乙卯两年获利颇厚……兹值民戊午至庚申三载中国于（与）俄绝交，茶叶失败，连年折本，及马玉记行倒欠计亏大洋九千余元。余所应派之欠款即将手置田业变卖清偿。"

《筱溪陈情书》

国外科研机构一直关注白茶的保健功效和机制。白茶可提高人体免疫力，具有预防细菌感染，抗衰老、抗氧化、抗肿瘤、降血糖等作用，这些都是国外率先报道的。白茶抗氧化功效研究使白茶提取物成为许多化妆品、日用品的原材料，如世界化妆品一线品牌雅诗兰黛、自然堂、资生堂等。

福鼎白茶吸引着英国皇室的关注。2011 年 4 月 29 日，英国威廉王子与平民王妃凯特·米德尔顿的世纪婚礼在伦敦威斯敏斯特大教堂举行。英国王室所用的婚礼纪念茶是川宁茶 (TWININGS)，川宁茶第十代传人史帝芬·川宁先生与川宁茶的茶叶调配师特别选用被世界各地行家公认品质最优秀的茶叶——白茶作为皇室婚礼纪念茶的主要成分，再添加少许川宁茶最著名的格雷伯爵茶配方——佛手柑，便成就这款独家且限量的川宁皇室婚礼纪念茶。2018 年 5 月

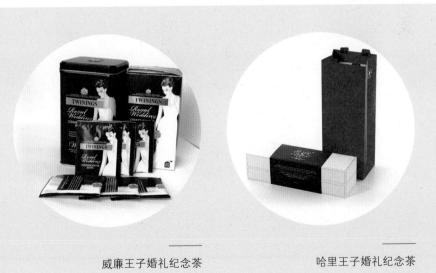

威廉王子婚礼纪念茶　　　　　　　　哈里王子婚礼纪念茶

19 日，英国哈里王子与梅根·马克尔在英国温莎城堡的圣乔治教堂举行婚礼，英皇家婚礼茶由国家级非物质文化遗产（福鼎白茶制作技艺）代表性传承人梅相靖制作。

如今，福鼎白茶依然有一部分出口国外，"一带一路"沿线许多国家都有白茶的身影，如哈萨克斯坦、乌克兰、俄罗斯、东南亚各国。

当代茶圣吴觉农的孙女吴宁对福鼎白茶十分关注，写下了《福鼎白毫银针在美国》，对比白毫银针与其他茶在美国的销售状况。"喜爱中国的白毫银针有几年了。我也在网上和茶连锁店去订过一些白毫银针，不仅茶质量都不错而且价格稳定，一磅福鼎的白毫银针在75 美元到 100 美元之间。……福鼎的白毫银针最初是在香港地区、东南亚、日本流行，以后传至德国、法国，而白毫银针在美国也只是近十年里的事。虽然白茶在美国比红茶、绿茶发展得迟，但却有一批忠实的爱好者。……把福鼎的银针与印度和肯尼亚的白茶作个比较，印度阿萨姆的银针与福建政和白毫银针很接近：它的芽头苗壮、挺直，比福鼎的芽要长，却没有福鼎白茶那样披满了茸毛。它的味道更清甜醇厚，更耐泡。但阿萨姆的白茶量少，价格也比福鼎的白茶至少高出三分之一。印度还有大吉岭的白茶，有兰花香，口感滑顺，但味道却不如福鼎银针丰厚，可价格却是福鼎银针的三倍。肯尼亚的白茶芽头极瘦小，干茶的香气很高，但泡出来的茶汤却是淡而无味。肯尼亚的绿茶和红茶都不错的，只有白茶的质量还不够好，可能和它的茶树品种和制茶工艺有关。"

比尔·波特，笔名"赤松"，美国著名汉学家和当代作家、翻译家，1972 年移居台湾禅修，1989 年到中国大陆寻访隐士。2018 年 4 月

30 日，这位古稀之年的智慧老头又来到太姥山寻找心中的"东方美人茶"。他在《空谷幽兰》中写道："我们所考察的山中，有一座叫太姥山，就在福建省东北部。在路上，我们碰到一位居士，他把我们带到一个山洞前，洞里有一位八十五岁的老和尚，他在那儿已经住了五十年了。在我们交谈的过程中，老和尚问我，我反复提到的那个'毛主席'是谁。他说，他是 1939 年搬进这个山洞的。当时这座山的山神出现在他的梦里，并且请求他做这座山的保护者……我们停下来拜访两位在附近山洞里修行的隐士，他们在那里也住了几十年了。他们送给我们两千克'东方美人'作为临别赠品——那是他们自己的小茶园出产的。它是我过去非常喜爱的茶种，现在仍然是。从来没有外国人来过他们的山，所以他们想送给我们一点儿特殊的纪念品。"2013 年，比尔·波特在接受《茶道》杂志采访时说：我最喜欢"东方美人茶"，喜欢它的蜜香蜜味。我去太姥山拜访隐士时，有一位隐士还送我茶叶；我也喜欢台湾的包种茶，它也有很棒的香气。据资深茶友推测，比尔·波特当年在太姥山僧人所赠的"东方美人茶"，其实就是山中僧侣采用纯人工晒制的白茶。因为"东方美人茶"是台湾的专属茶名，是经过小绿叶蝉叮咬过的茶青制作的一款茶，他把"东方美人茶"与太姥山的白茶弄混了。

2018 年 6 月 22 日，福鼎 10 家龙头茶企生产"丝路花开"公益茶，以福鼎白茶中之特级白牡丹为原料制作。包装设计封面图案"花开富贵"中的白牡丹花画选取自故宫博物院收藏的清代宫廷十大画家郎世宁（意大利籍）之工笔画作；背景上的"丝绸之路"路线图也借鉴了由闽籍企业家许荣茂捐赠给故宫博物院的珍贵文物《丝路山水地图》元素，含义为"丝绸之路——白牡丹茶——花开富贵"，

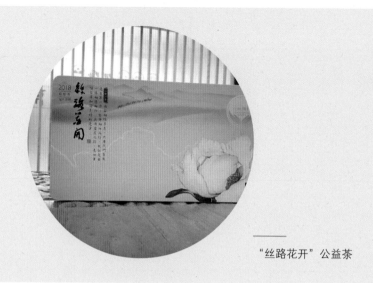

"丝路花开"公益茶

即"白牡丹花"寓于福鼎白茶的珍品特级白牡丹茶，借助"一带一路"春风，把茶品推向全球。

三

不炒不揉显本色

一

在绿茶、白茶、黄茶、青茶（乌龙茶）、黑茶、红茶等六大茶类中，只有白茶不炒不揉，自然萎凋，最大限度地保持茶叶鲜叶内含物成分。白茶制作看似简单，其实奥妙无穷。

（一）白茶古韵

茶业界普遍认为绿茶是最早发明的，但是有些茶叶专家认为中国茶叶生产史上最早生产的不是绿茶，而是白茶。理由是我国利用

自然萎凋——日光萎凋（朱刚群摄）

白茶古韵
（罗健画）

茶叶已有四千年的历史，最初作药用，由于茶树萌发新芽有季节性，为了随时都能喝到茶叶，便将采集的幼嫩茶叶晒干收藏起来，这是茶叶加工的开端，也是一种古老的制草药方法。陈椽《茶业通史》写道："如现时制白茶，可以说是制茶起源时期。"由此可见最早的茶，按制造方式应该是白茶，或者说这是中国茶叶史上"古代白茶"的诞生。

福鼎境内太姥山麓盛产茶叶，古人常用晒干方式制作成茶，我们不妨称其为"古代白茶"，太姥山人一直延续了古白茶制法。那些隐身在崇山峻岭之中的太姥山民和僧侣们，由于缺乏与外界的交流，仍执着地沿用晒干方式制茶自用，无意间将"古代白茶"制作工艺保存了下来。

太姥山区还有一项习俗，清明祭墓时顺手采摘一些茶叶芽芯晒干，回家后放在灶台烘干，或者用牛皮纸包装放在干燥的灶台间，留作"退火"之药，其成品类似白毫银针。这里面就包含着白茶制作的工序：萎凋和干燥。

太姥山古代交通十分不便，文人墨客鲜至，留下的文献资料与摩崖石刻较少。庆幸的是还是有一些爱茶的名士留下了少量珍贵的文字。明朝田艺蘅在《煮泉小品》中赞道："芽茶以火作者为次，生晒者为上，亦更近自然，且断烟火气耳。生晒茶瀹之瓯中，则旗枪舒畅，清翠鲜明，尤为可爱。"指的正是白毫银针，而且明确指出，以日光萎凋生晒芽茶为最佳。

太姥山民还保留着传统，就是把白茶晒干后密封保存，每年农历六月初六把白茶放在太阳光下进行晾晒，再密封。正应着田艺蘅所述：茶以火作者为次，生晒者为上。

至今在太姥山区的农村还可以喝到的"白茶婆"，或者叫"畲泡茶"，就是山民们用茶叶较为粗老的芽叶晒干，有的晒干后放在热锅里稍微翻炒后（干燥）留作自用，将这种茶泡在大茶缸里，味道相当清爽，而且久置不馊，是夏天防暑良饮。这种茶叶类似现今的寿眉。

畲泡茶

古代白茶和当今的福鼎白茶有较大的不同，但核心是相同的，即通过日光萎凋方式制作白茶，而且不炒不揉呈现本色。由此可见，最初的白茶是远古时期太姥山人无意间共同创制的，引以为自豪的是，今天福鼎茶人保存这项技艺并据此创制了现代工艺生产福鼎白茶。

（二）传统工艺

福鼎白茶传统工艺的制作工序只有萎凋和干燥两个过程，看似

简单，其实奥妙无穷。萎凋方式有自然（日光）萎凋、室内萎凋、复式萎凋等，干燥有炭火烘焙和烘干机烘焙两种方式。

1. 萎凋

萎凋，一般是在一定温度、湿度和通风等情况下，伴随叶片水分蒸发和呼吸作用，叶片内含物发生缓慢水解氧化的过程。在此过程中，茶叶挥发青气，增进茶香，发出甜醇的"萎凋香"，这对白茶的品质起着重要的作用。

萎凋是白茶制作最为关键步骤，是形成白茶品质的基础。

自然（日光）萎凋　室外日光萎凋，俗称"日晒"。在民间传统工艺上，利用户外日光的自然条件，使叶子逐步失去水分而自然

自然萎凋（陈兴华摄）

干燥，有着"阳光的味道"。

最早萎凋所用的工具是萎凋帘，如今很多人用水筛。萎凋帘，福鼎的方言叫篾箅或番薯米箅，它是一种长方形的竹编用具，长2.2—2.4米，宽70—80厘米，利用0.2—0.3厘米篾条编制而成，帘上有缝隙没有孔洞。茶农说，这种结构最适合白茶萎凋，遇上良好天气，茶的上、下面都有空气流通，做出的白茶质量就有保证。

自然萎凋用的水筛架（陈兴华摄）

水筛则用铁架立体推拉式进行萎凋，方便制茶师操作。一般情况下，在春季干燥凉爽的北风气候条件下，晒制白茶最佳。

茶叶置于阳光下曝晒，根据日光强度不同，随时调整萎凋帘和水筛。晒至一定时候，进行并筛，两筛并成一筛。并筛是一项重要的技术。根据现代科学研究，并筛能使正在萎凋的茶叶表面温度出现变化，从而促使茶叶中酶促反应出现转变，会有新的物质产生。有经验的制茶师"看茶做茶"，根据气候条件、茶叶表面颜色的转化、茶叶香气变化情况调整并筛的时间。传统晒茶过程中，尽量不用手直接接触茶叶，手带汗渍有咸性，破坏针上的茸毛，影响白茶的品质。

袁弟顺教授在《中国白茶》中认为："白茶的萎凋并不是鲜叶的单纯失水，而是在一定的外界温湿度条件下，随着水分的逐渐散失，叶细胞浓度的改变，细胞膜透性的改变以及各种酶的激活引起

萎凋帘萎凋

一系列内含成分的变化，从而形成白茶特有的品质。"所以，这样的纯日光萎凋（日晒茶）十分依赖天气情况，耗费人工成本也较大，在成规模的茶叶生产上应用会稍微少一些。

室内萎凋　20世纪60年代开始，福鼎白茶的萎凋方式产生了革命性的变革，从原有纯日光萎凋，转变为室内加温萎凋。

室内萎凋由加温炉灶、排气设备、萎凋帘、萎凋鲜架等四部分组成。萎凋分三个阶段，前期温度稍低，中后期温度稍高。

鲜叶进厂后要严格区分开老、嫩叶片，并及时萎凋以保证茶叶鲜灵度。把鲜叶摊放在萎凋帘或水筛上（俗称"开青"或"开筛"）。待萎凋程度达到七八成时，萎凋叶的表现为：叶片不贴筛，芽毫色发白，叶色由浅绿转为灰绿色或深绿，叶态如船底状；嗅之无青气。

室内萎凋（施永平摄）

此时需进行拼筛处理，拼筛后继续萎凋 12—14 小时，待干度达九成时，就可下筛拣剔。

在萎凋条件上，一般春茶室温要求 18—25℃，相对湿度 67%—80%；夏秋茶室温要求 30—32℃，相对湿度 60%—75%。白茶萎凋历时可达 36—60 小时。

室内萎凋对温度、湿度和热风等要求很高，需要根据茶青的萎凋程度调整温度、相对湿度、空气流通以及萎凋时间、摊叶厚度等萎凋环境因子。

复式萎凋　所谓复式萎凋，就是将日光萎凋与室内萎凋相结合的萎凋方式。选择早晨和傍晚阳光微弱时将鲜叶置于阳光下轻晒，每次晒 25—30 分钟，晒至叶片微热时移入萎凋室内萎凋，如此反复 2—4 次。也有白天借太阳光之红外线辐射热能，促进茶青部分水分蒸发消失，夜间进行室内萎凋，促进内含物转化的加工方法。

谷雨前后的春茶采用此法，对加速水分蒸发和提高茶汤醇度有一定作用。夏季因气温高，阳光强烈，不宜采用复式萎凋。因需要更换场地，工作量相对较大，对实现高效和标准化生产是一种考验。

利用透光材料制造萎凋房，既可以让阳光透射至萎凋

机械化滚动设备

复式萎凋

房内，又能避雨和不良天气影响茶叶品质。萎凋房内还设置通风萎凋设备或者机械化滚动设备。这种萎凋是复式萎凋的一种更为便捷的方式。

三种萎凋方式各有利弊，但目的都在于适应天气条件，解决雨天加工困难的问题，同时控制青叶生化反应以达到适当的程度，提高白茶生产的质与量。

2. 堆积

堆积，俗称匀堆、打堆。由于天气原因，室内萎凋或复式萎凋缩短了萎凋时间，往往造成内含物成分未完全变化。为弥补这一不足，对白茶萎凋叶还要进一步进行一定时间的堆积处理，使茶叶本身充分走水。

堆积

堆积的方式可以在生产车间里把萎凋叶进行蓬松堆积，堆积厚度 25—35 厘米 , 堆中温度控制在 25℃以下，不能过高，否则会使萎凋叶变红。堆积历时几个小时到几天，主要要看萎凋叶嫩梗和叶主脉变成浅红色，叶片色泽由碧绿转为暗绿或灰绿，青臭气散失，茶叶清香显露即可。

3. 干燥

控制白茶干燥质量的主要因素包括萎凋度、干燥机进料量、空气供给量、空气温度以及烘焙时间，大部分常见的白茶加工失误都发生在这一阶段。具体来说，福鼎白茶干燥的目的有如下两个方面：

首先是为了降低水分含量、确保存放期间的质量，避免成品茶在存放过程中发生影响茶叶品质的物理变化或化学质变。一般来说，成品茶中水分的含量要小于 7%；当含水量在 7% 以上时，会有较多的游离水，游离水会将氧带进茶叶中，导致茶叶渐渐变质。

其次是为了改善或调整茶的色、香、味、形。茶本身的香气不足，借外温（火）来提高香气（火香），这个过程起作用的是化学变化。尤其是茶叶的拼配，必须借温度（火）的力量来稳定质量与品质。

白茶干燥工艺分传统与现代两种，即炭焙和机器烘焙。

炭焙 传统的方法就是用

古法焙茶（钱锦承摄）

焙笼炭火烘焙。

炭火烘焙，焙笼由焙蒂、炭锅（铁锅、草木灰）、焙罩等组成。用炭火把焙笼加热到一定温度，用低温慢焙的方式，使茶香显现。精制后进行复焙装箱。

机器烘焙　现代的方法多用烘干机进行干燥。

采用烘干机烘焙，萎凋叶达九成干时，采用机焙，掌握烘干机进风口温度 70—80℃，摊叶厚度 4 厘米左右，历时 20 分钟至足干。七至八成干时的萎凋叶分两次烘焙，初焙采用快盘，温度 90—100℃，历时 10 分钟左右，摊叶厚度 4 厘米。初焙后须进行摊放，使水分分布均匀。复焙采用慢盘，温度 80—90℃，历时 20 分钟至足干。烘焙结束后，应立即包装，储放于干燥场所，以免受潮变质。

机器烘焙

福鼎白茶鲜叶加工只经萎凋与干燥两道工序，其特有的外形色泽、叶态及香味，主要是在萎凋过程中形成的。

白茶自然萎凋过程（刘洁智摄）

　　白茶的萎凋过程以失水为主，水分通过鲜叶表皮角质层和气孔散失，导致鲜叶细胞失去膨胀状态，叶质变柔软，叶面积缩小。由于长时间的萎凋引起内含生化成分的复杂变化，加之鲜叶原有的特点，从而形成满披白毫，色泽银白光润，具有清鲜毫香和清甜滋味。白茶萎凋在失水的同时，内含物也发生一系列化学变化。在酶的作用下，蛋白质、多糖等水解，使可溶性糖、水溶性果胶、氨基酸含量增加，为白茶品质的形成奠定基础。

1. 白茶萎凋过程的化学变化

　　萎凋初期、中后期茶多酚含量发生较大幅度变化。氨基酸变化复杂，茶氨酸在萎凋中不但有降解，同时也有生成。糖类一方面因水解而生成，另一方面因氧化和转化而消耗，是处于供给和消耗的动态平衡之中的。

　　白茶萎凋过程中咖啡碱含量增加，这可能是结合态的咖啡碱变成了游离态，而烘干过程由于温度的升高，咖啡碱的含量又有所下降。萎凋过程，鲜叶大量失水，叶绿素容易从蛋白质的结合状态中分离出来，稳定性下降，叶绿素因酶促作用而分解，使白茶叶色呈现灰绿色。

　　在白茶萎凋前期，低沸点的芳香物质明显减少，中高沸点的香气

清洁化复式萎凋白茶获福建省科技进步奖二等奖

成分成倍甚至几十倍增加，使白茶青草气减退，香气显现。

白茶加温萎凋过程中，多酚氧化酶的活性随萎凋过程逐渐下降，这主要是由于一部分酶与氧化了的多酚类结合成不溶性复合物，使酶丧失了催化功能；其次是萎凋过程中有机酸增加，引起pH值降低，酶的活性下降。

萎凋过程，不仅氧化酶的活性提高，水解酶的活性也增强，如水解淀粉的淀粉酶和磷酸化酶，水解蔗糖的转化酶，水解原果胶的原果胶酶，水解蛋白质和多肽的多种蛋白酶等。

2. 白茶干燥过程的化学变化

干燥（烘焙）的作用：排去白茶芽叶内残留的水分，抑制白茶中酶的活性，使酶促氧化转向非酶促氧化，形成白茶所特有的香味和汤色。

炭火烘焙过程

在烘焙过程中，在热的作用下，多酚类物质在没有酶的参与下继续氧化。这时鞣质与游离氨基酸和多糖的相互作用加剧，产生白茶所特有的香味。

由于热的作用，具有青气味和苦涩味的那些物质，进一步转化或发生异构作用。在烘焙过程中，在热的作用下，氨基酸可被醌氧化脱氨基而形成芳香的醇。同时，游离氨基酸与多糖相互作用，形成芳香的产物。

（四）制作流程

张堂恒著《中国制茶工艺》言："1795年福鼎茶农采摘普通茶树品种的芽毫制造银针。"王镇恒在《中国名茶志》认为银针是福鼎茶农用菜茶首创。由于采摘菜茶品种的芽头制银针，产品瘦小，白毫不显；1885年福鼎茶农开始采福鼎大白茶的肥壮芽头制作银针，后又改用福鼎大毫茶的芽头制作白毫银针。

以福鼎大白茶和福鼎大毫茶的芽头制作的白毫银针，其特点为：芽壮毫显、洁白银亮，富光泽，汤色浅杏黄，滋味清鲜爽口，品质上乘。

自清代以来，白茶生产一直用日晒传统工艺，这与福鼎的茶青特征、地理位置、气候条件和当时可用的制茶设备相关。日光萎凋茶叶实际上很不容易控制，正如福鼎茶农所说："制白茶风险大，天热变红天冷变黑。"

春茶采摘（周建光摄）

萎凋之摊晾（董小莲摄）

　　白茶制作流程：茶树栽培—茶叶采摘—晒（晾）干—毛茶—通焙—筛簸—拣剔—复火—精茶—装箱。

　　近年来随着福鼎白茶销量增大，福鼎茶企根据白茶制作的原理，逐步对生产工艺进行改进，白茶生产朝着工业化、标准化方向迈进。

拣剔

筛簸（刘启摄）

四

毫香蜜韵品佳茗

—

　　毫香蜜韵是福鼎白茶的茶韵，毫香蜜韵是福鼎白茶最主要特征。什么是毫香蜜韵？福鼎白茶因其成茶外表满披白毫呈白色，故名为白茶，正是因为芽叶上的白毫丰富，使得白茶具有毫香这种特殊的韵味。白茶在萎凋以及储存过程中，内含物转化，产生氨基酸和糖类物质，茶汤滋味显现出蜜的香味。一款制作精良的白茶入口毫香显露，滋味鲜爽甘醇，汤色杏黄明亮。存放几年后，毫香蜜韵尤显。

毫香蜜韵

（一）品类各异

　　福鼎白茶的外形差别很大，有散茶，有紧压茶。散茶中有只有单芽的，有芽叶连枝的，有单独只有叶片的，有条索的；紧压茶中有饼状、巧克力状、球形、方形、砖块等。福鼎白茶的种类按生产原材料与加工工艺的不同分白毫银针、白牡丹、贡眉、寿眉、新工艺白茶、紧压白茶等。不同种类的白茶，毫香蜜韵有区别。最早提出的白茶毫香蜜韵是指白毫银针的一种特别的韵味，以及存储后产生的各种香韵。相对而言，其他品类的白茶毫香逊于白毫银针，但滋味鲜爽甘甜有蜜韵。

1. 白毫银针

采摘福鼎大白茶、福鼎大毫茶肥壮单芽制作而成。白毫银针外形挺直似针，芽头肥壮，满披白毫，色泽鲜亮，呈现银白色，汤色浅杏黄、清澈透亮，滋味甘甜清爽，极富有毫香蜜韵。

白毫银针主要采摘肥壮的芽头，时间在清明前后的 10 多天的日子里，它的芽叶经过将近半年的茶树休养期，茶树体内的有效物质集中在春季这段时间里向茶芽输送养分。因此，白毫银针的营养成分丰富，富含茶氨酸、茶多酚、多糖类等物质。

单芽（陈昌平摄）

受全球变暖、气温升高的因素影响，茶叶的芽头萌发速度迅猛，清明节过后往往就无法生产白毫银针。白毫银针生产季节短暂，在所有福鼎白茶产量中比例较少。据测算，现有一亩茶园一年能生产白毫银针不足 2 千克，其他时间的芽叶只能生产白牡丹、寿眉与新工艺白茶等，所以白毫银针弥足珍贵，早年销往国外，与黄金同价。

福鼎的白毫银针贵在银针上的白毫，白毫中内含物丰富，其氨基酸含量高于茶身，含量可达干重 10% 以上，披覆有序，银光闪烁，形成素雅的外形与毫香蜜韵的滋味。与政和等地产的白毫银针最大的区别之一，就在白毫的密披度与光泽度。

白毫银针的等级分特级和一级。特级白毫银针的条索、芽针肥壮，茸毛厚，香气清纯，毫香显露，滋味清鲜纯爽、毫味足；一级白毫银针芽针修长、茸毛略薄，香气清纯、毫香显，滋味清鲜纯爽、毫味显。

白毫银针是白茶中最珍贵的品类，而且产量低。1982 年被商业

白毫银针（刘启摄）

部评为全国名茶，在 30 种名茶中名列第二；1984 年又被商业部评为金奖。

2. 白牡丹

采摘福鼎大白茶、福鼎大毫茶的一芽一叶或一芽二三叶经特定工艺制作而成，采摘一芽一叶，俗称"一刀一枪"。成品茶两叶夹银色白毫芽形似花朵，冲泡之后绿叶托着嫩芽，宛若蓓蕾初开，故名白牡丹。传统采摘标准是春茶第一轮嫩梢采下一芽二叶，芽与二叶的长度基本相等，并要求"三白"，即芽与二叶满披白色茸毛。白牡丹两叶抱一芽，叶态自然，色泽深灰绿或暗青苔色。叶张肥嫩，呈波纹隆起，叶背遍布洁白茸毛，叶缘向叶背微卷，芽叶连枝。汤色杏黄或橙黄明净，入口醇厚清甜，内质香气鲜爽，毫香浓显。叶底浅灰，叶脉微红，叶张肥嫩，叶态伸展，毫心肥壮。

———
一芽二叶（刘启摄）

特级白牡丹　　　　　　　　　　一级白牡丹

白牡丹生产季节较长，春季生产白毫银针之后的一段时间里都可生产白牡丹，秋季白露至寒露的芽叶也可用来生产白牡丹。白牡丹的等级分特级、一级、二级、三级。

3. 贡眉

以福鼎菜茶等有性群体茶树芽叶制作，采摘标准为一芽一二叶

贡眉

至一芽二三叶。优质贡眉毫尖显，色泽灰绿或墨绿，汤色橙黄或深黄，味醇爽，毫香鲜纯；叶底匀整、柔软、鲜亮，有芽尖，叶张主脉迎光透视呈红色。

对比 2008 年 8 月 12 日和 2017 年 11 月 1 日发布的《白茶》国家标准，新修订的标准里增加了贡眉种类。在福鼎，贡眉一直都有生产，但随着福鼎菜茶等有性品种的可采摘面积的减少，贡眉的生产量较少。

4. 寿眉

采摘福鼎大白茶、福鼎大毫茶嫩梢或对夹叶为原料，经萎凋、干燥、拣剔等特定工艺过程制成；或由制白毫银针时"抽针"后保留下来的嫩叶制成。外形灰绿，其汤色橙黄或深黄，滋味较浓醇，香气尚纯正，叶底稍有芽尖，叶张较粗。

寿眉

寿眉生产的季节较长，量大，等级分一、二级。由于寿眉主要是叶片构成，内含物成分丰富，茶多糖、茶多酚含量高，经过储存后内含物不断转化，产生大量对人体具有保健功效的物质。

5. 新工艺白茶

1968 年，白琳茶厂技术副厂长王奕森研制的专门供应港澳地区的白茶。其初制工艺，在萎凋后经轻度揉捻。外形叶张略有皱褶呈半卷条形，色泽暗绿带褐，香清味浓，汤色橙红，叶底开展，色泽青灰带黄，筋脉带红，茶汤味似绿茶但无清香，似红茶而无酵感，浓醇清甘是其特色。

新工艺白茶是福鼎在当年特定时期的产物。随着福鼎白茶的崛起，生产加工新工艺白茶的茶企越来越少。

新工艺白茶

月饼状紧压白茶（吴维泉摄）

6. 紧压白茶

2004 年前后，福鼎的一些制茶师根据福鼎白茶是微发酵茶类，借鉴普洱茶经验与做法把白茶加工成紧压白茶，在储存过程中其内含物还会发生变化，经过这些年的生产以及存储经验，紧压白茶有其独到的特征，获得消费者青睐。

巧克力状紧压白茶

　　紧压白茶以白茶为原料，经整理、拼配、蒸压定型、干燥等工序制成，分紧压白毫银针、紧压白牡丹、紧压贡眉和紧压寿眉四种产品。紧压白茶的形状各异，有圆饼状、方块状、球形等。

　　最早的紧压白茶基本上是饼状，紧压白茶又称白茶饼。紧压白茶方便储存、运输，经存放后滋味口感、汤色和香气会产生变化。经过白茶消费者和生产商几年的实践，紧压白茶生产量已经排在所有福鼎白茶品类中的首位。

　　紧压白茶储存3—5年以上就可称作老茶（又称作老白茶饼）。老白茶饼有两种概念，一种原材料就是用存放3—5年以上的白茶进行加工，另一种是新茶加工成为紧压白茶后，经若干年陈放的紧压白茶。

　　2008年10月，被上海大世界基尼斯总部确认为中国最大的茶砖——奥运白茶砖也是紧压白茶，它是2008年6月底制作完成。奥

　　中国最大的茶砖
　　　（王彦冰摄）

运白茶砖由 500 千克上等的福鼎白茶制成，外观为长方形立匾，长 200.8 厘米，寓意北京奥运会 2008 年举行；宽 112 厘米，寓意现代奥林匹克运动会举办了 112 年；厚度为 19.9 厘米，也是中国传统中吉祥的数字；茶砖正面刻着"同一个世界，同一个梦想"的北京奥运会主题口号。

（二）贵在茸毛

形成福鼎白茶毫香蜜韵的原因是什么？经过多年的研究和实验分析，制作福鼎白茶的原材料福鼎大毫茶、福鼎大白茶以及福鼎菜

———
白毫银针之茸毛

茶的芽头满披茸毛，这些茸毛富含的茶氨酸等物质是白茶毫香蜜韵的原因之一，也是白茶外表呈现银白色的成因。

茶树专家郭元超研究认为，福鼎拥有福鼎大毫茶、大白茶的种质资源，是得天独厚的资源财富，其白茶产品的香气成分比以其他品种为原料生产的白茶产品高 4.7%，芳香提取物高出 1.2%。更为奇特的是福鼎大毫茶的茸毛比例比其他茶树种高出 289%。福鼎大白茶为母本与云南大叶种为父本进行杂交的后代群体，毫色多为显性，嫩芽叶茸毛特多，银白秀丽，赏心悦目。研究还发现，茶树芽叶上的茸毛，其细胞的液泡内含茶多酚类物质和氨基酸等有益物质，是构成茶汤香气与滋味的主要成分。芽叶上的茸毛既可抵抗外界不良气候带来的危害，又可增进茶叶自身品质。茶树芽叶茸毛的生化特性对白茶滋味的品质产生重要影响；茸毛色泽银

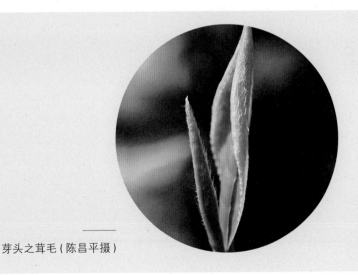

芽头之茸毛（陈昌平摄）

辉耀目，大大增加了形体美感，更是香味品质的直接影响物；毫芽茸毛是产生福鼎白茶之毫香蜜韵的物质基础。

叶乃兴、袁弟顺、何普明、李博等也研究了白茶茶身和茸毛的生化特性，发现茶叶芽头茸毛的氨基酸含量显著高于茶身。白茶茸毛的茶氨酸、天冬氨酸和谷氨酸、丝氨酸、丙氨酸等组分含量显著高于茶身。茶氨酸、天冬氨酸和谷氨酸、丝氨酸、丙氨酸等组分具鲜爽带甜滋味，茶树芽叶茸毛具有高氨基酸含量和低酚氨比特性，对白茶风味品质的形成具有重要作用。

福鼎大毫茶的茸毛比例体现了白茶营养成分及商品价值，丰满的茸毛不仅赋予白茶银装素裹的体态美感，更赋予福鼎白茶特有的色、香、味、形俱佳的品质特色。福鼎大白茶、福鼎大毫茶这两个品种的鲜叶原料加工的产品，具有典型的福鼎白茶品质风味。从茶树上采摘下来的幼嫩芽梢，富含银白秀丽的茸毛，其毫芽肥壮、茸毛银白的生理特征，经独特的白茶传统制作技艺，保持茸毛原形本色，极致发挥其毫色银白、叶墨绿、毫香清爽味甜醇的特色品质，是其他品种制作的白茶难以媲美的。

福鼎大毫茶、福鼎大白茶茶树品种适合制作白茶、绿茶以及红茶，经过多年的实践，福鼎大毫茶和福鼎大白茶最适合制作白茶。这是因为不同的茶树品种具有各自的遗传特征，因而构成了不同的生理、生化特性，所以茶树品种的适制性十分重要，它关系到茶叶产品的质量。

（三）毫香蜜韵

品鉴福鼎白茶的毫香蜜韵，需要一个舒适的泡茶环境，泡茶可以在室内，也可以在室外。

1. 泡茶环境

在室外品鉴福鼎白茶，需要天人合一的景象。400多年前，林祖恕《游太姥山记》云："僧为建安人，道号碧山。具方袍相接。询之，乃张叔弢平昔所称诗僧也。出其诗句，中有云：'雨白双溪

室外品茗（刘智勇摄）

路，灯青七祖莲。'又云：'白云一片能相恋，消尽风尘是此心。'大赏异之。因箕坐溪畔，取竹炉汲水，烹太姥茗啜之。"记载明代的莆田文人林祖恕和太姥山碧山长老两人箕坐在太姥山溪畔的大石上，用竹炉取太姥山蓝溪山涧里的水，烹煮白茶。

茶艺师们举办的茶会经常在室外进行。室外环境要有山、有水、有石、有树，如配有古琴、箫弹奏或者即兴表演更佳。可以用茶桌布席，也可席地而坐。布茶席必不可少，茶席设计者根据周围的景色和自身对环境的领悟进行布席。每个茶席设主泡手，几个茶席可进行评比，更重要的是对席主冲泡茶汤的香气、滋味、口感进行评判。

2015年以来，在福鼎举办的海峡两岸鹊茶会、金秋茶会、申时茶会、桃花茶会、茶语人生等茶会都是在室外进行。

室内环境最常见。遍地林立的茶叶店都可以成为品鉴白茶的环

金秋茶会

境。一般来说，室内应当整洁、无异味，光线柔和、明亮、无阳光直射，幽静或有柔和的音乐，室内温度以 15—27℃最适宜，相对湿度不高于 70%，室内可用干泡法，也可用湿泡法。

2. 泡茶用水

《茶经》云："其水，用山水上，江水中，井水下。"山水，太姥山脉的岩石层流下的水，适合作为品鉴白茶的用水。福鼎当地饮用水都适用泡白茶，诚如《煮泉小品》云："烹茶于所产处无不佳，盖水土之宜也。此诚妙论。况旋摘旋瀹，两及其新邪。"

福鼎境内有 5A 级国家风景名胜区——太姥山，山上水质极佳，呈弱酸性，适合泡白茶。此外，福鼎生态环境质量

太姥山鸿雪洞的丹井（施永平摄）

优异，水资源丰富，许多山泉水、溪水都是一级饮用水，感官性状良好，无色、透明、无杂味、无异味，有清凉甜润的感觉。

《茶经》云："水以清、轻、甘、冽为美。轻甘乃水之自然，独为难得。"北方的水硬水偏多，含较高碳酸钙和碳酸镁成分，泡茶用水宜选择清洁、无污染的优质水源地制造的低矿化度、低硬度和中性或微酸性包装水，或者中性或微酸性（pH 5.5—6.8）、富含

福鼎的水资源（刘启摄）

一定量气体（主要是氧气和二氧化碳）的水，有益于茶汤品质。

3. 择具

玻璃杯、盖碗、紫砂壶、煮茶壶、飘逸杯等器具都可用来泡白茶，需要配备烧水炉、烧水壶、茶盘、茶镊、茶海、品茗杯、水盂、茶托等茶具。

玻璃杯泡白毫银针为主，盖碗可以泡各品类的白茶，飘逸杯适合办公室泡饮，陶壶、煮茶器、紫砂壶等适合泡紧压白茶和老白茶等。

4. 冲泡流程

白茶冲泡流程：选茶→备具→赏茶→温壶→投茶→醒茶→冲泡→品鉴。

白毫银针冲泡法：最好采用玻璃器皿（可观茶舞），也可用盖碗泡。投茶量在5—6克、茶水比例1∶30，冲泡温度在90—95℃，注水最好采用芭蕾舞似的旋转法，让茶与水充分融合，第一泡30—35秒，待汤色呈现浅杏黄色（似蛋清色），出汤时不宜用过滤网（让茶汤保留住白毫，汤才够醇和）；第二、三泡25—30秒，之后几泡按5秒递增。由于白毫银针满披白毫，水与茶完全融合偏慢，因此第一泡冲泡时间长。

透过玻璃杯，可观察冲泡后的白毫银针亭亭玉立、形状似针、银装素裹、熠熠闪光、上下交错，望之有如石钟乳，蔚为奇观。

玻璃杯冲泡白茶（周炜摄）

盖碗冲泡白牡丹

　　白牡丹、贡眉冲泡法：可采用白瓷大肚盖碗（空间大适合茶芽舒展），投茶量在4—5克，茶水比例1∶30，冲泡温度95—100℃，注水最好用360°的细水慢下法，可以让茶味口感适度，冲泡时间在30—35秒，第二、三泡25—30秒，之后每泡递加5秒。

　　寿眉冲泡法：投茶量6—10克，泡时茶水比例1∶30，冲泡温度100℃，注水润茶用高冲，后泡时用直冲法（方可带出茶味），坐杯时间在15—20秒。

　　5. 紧压白茶煮法

　　紧压白茶煮茶流程：选茶→备具→赏茶→温壶→投茶→醒茶→煮茶→品鉴。

　　选茶：选择所需冲泡的紧压白茶，用茶刀撬开紧压白茶，取白茶 5—6 克。

　　备具：准备煮茶壶（电磁炉、电陶炉）或紫砂壶、烧水壶，茶海、
品茗杯、水盂等茶具。

　　赏茶：鉴赏紧压白茶外形色泽，闻干茶香气。

　　温器：将沸水倒入紫砂壶进行温壶，之后盖上壶盖，冲水温壶，
提高壶具的温度。

　　投茶：投入紧压白茶至壶中，可依个人口感和人数定量。

　　冲泡：冲入少量的开水，水的温度保持在 100℃，即冲即倒，
让壶中的紧压白茶先受热吸水湿润。再泡 2—3 泡后，把茶放入煮
茶器中进行煮茶。

　　煮茶：煮茶的茶水比例 1 ∶ 50（冷水煮滋味更佳），待茶汤煮
沸后 5 分钟即可倒出。还可以进行第二次煮茶，时间控制在 6 分钟。

冲泡、品鉴紧压白茶
（董博宇摄）

品茶：品茶前，先闻其香、观其色，后再品其滋味。紧压白茶醇厚回甘，陈味足。

6. 老白茶煮着喝

茶叶用热开水冲泡已经成为常识，但几轮冲泡往往不能把茶叶的内含物充分释放出来。利用蒸煮的方式，就能解决这个问题。然而适合进行煮的茶类不多，老白茶是最适合用烹煮的。

老白茶煮法与紧压白茶的流程大体相同。一般用煮茶壶，也可采用侧把陶壶。煮茶器有多种，可以是陶壶、铁壶或银壶，有的用水晶壶。燃料有用炭，也可用固体酒精。时下更流行的是用电煮茶器，随时煮泡，方便饮用。先泡后煮，泡2—3泡后，进行煮茶。

老白茶煮着喝（刘启摄）

煮茶的茶水比例 1 ：50，水温持续 100℃，煮茶时间 5 分钟即可出汤，第二泡煮的时间需要 6 分钟。

老的白毫银针和白牡丹经过烹煮，毫香蜜韵更显。因此"老白茶煮着喝"已是茶界流行的广告语。

7. 品鉴

品鉴流程：赏干茶→闻香气→观汤色→品滋味→看叶底。

外形（占 30%）：赏干茶外形。白毫银针和白牡丹特有的茸毛形成洁白似雪的外形，是其他茶类所没有的。白毫银针单芽肥硕，满披白毫，茸毛莹亮，疏松或伏贴，色泽银白或银灰。白牡丹芽毫显露、肥壮，茸毛密，芽叶连枝，叶缘垂卷，叶绿光润。贡眉芽叶

白牡丹外形（刘启摄）

连枝，毫针多，叶张细嫩，叶背银白色，有茸毛。寿眉含白毫或无毫心，叶张平展。紧压白茶表面端正、平滑、纹理清晰、紧度适合。

香气（占25%）：将白茶倒入温杯后的主泡器里，轻轻摇动，细闻干茶的独特毫香；冲泡后，闻杯盖香后，品茶汤所呈现出的毫香、花果香、蜜香、嫩香、荷香、枣香、陈香等。闻杯底香（挂杯香），品饮后闻品茗杯余留的香气。再闻叶底的香气，综合品鉴白茶的香气。

滋味（占25%）：品饮时让茶汤在口腔内回旋，味蕾细胞充分和茶汤接触，感受茶汤纯正毫味，要求无其他异味和杂味，茶汤鲜醇爽口，回甘明显，浓而不涩，滋味醇厚。制作优良的白茶，不论新老，都有蜜甜味。

汤色（占10%）：白毫银针、白牡丹汤色杏黄、清澈、明亮，陈年白茶汤色呈现杏黄、嫩黄、浅橙黄、橙黄、深橙黄、橙红或琥

白牡丹汤色（刘启摄）

珀等，色泽明亮。仔细品鉴还可以看清汤色中的白毫。

叶底（占10%）：全芽或一芽二叶完整，柔嫩、杏绿或嫩黄、明亮、匀齐。

—— 白牡丹叶底（刘启摄）

（四）随性泡法

历史上，我国饮用茶叶有吃茶、点茶、泡茶等不同方式，自明代以来，茶叶以冲泡方式进行。把成品茶叶放入水中，水溶解了茶叶中的有效成分，有茶多酚、咖啡碱、茶多糖、茶氨酸等，这些物质对人体都是十分有用的。

六大茶类中，绿茶、红茶、青茶（铁观音、武夷岩茶）、黄茶、黑茶、白茶的泡饮方式各有不同。不同的白茶种类，泡法又不同。红茶、黄茶和绿茶类适合 80℃左右的开水冲泡，青茶、黑茶类则需要 100℃的开水冲泡才能释放出茶的香气和滋味。

白茶的冲泡方式可以多种多样，水的温度有 100℃的，也可以用冷水冲泡，还可以焖泡。白茶泡法不是根据茶的特征选择温度和器皿，而是由"我"随性地根据自己的需要来冲泡。

为了观赏白茶冲泡后美的姿态，可以用玻璃杯冲泡，这是白毫银针和白牡丹常用的泡饮方式。采用"下投法"方式泡白毫银针，即在干茶欣赏以后，取茶入杯，冲入开水至杯容量的三分之一时，稍停 1—2 分钟，待茶吸水伸展后，再冲水至满，5—6 分钟后茶芽部分沉落杯底，部分悬浮茶汤上部，此时茶芽条条挺立，上下交错，望之有如石钟乳。白牡丹也可用此方法，白牡丹泡开后，两叶抱一芽，叶背遍布洁白茸毛，芽叶连枝，叶片抱心形似花朵。如若轻摇茶杯，白茶翩翩起舞，犹如"茶中美女"。

在白茶店里或几个好友围桌品饮白茶，常用盖碗泡法。用盖碗置白茶 5 克，为了使泡出来的茶汤更好喝，前 3—4 泡水温约 90℃，浸泡时间 15—30 秒；之后水温略高，约 95℃，浸泡时间可适当延长。对于重口味的品饮者，前一泡的茶汤留一些，与后一泡所续的开水融合，滋味会略微醇厚。盖碗泡法适用于福鼎白茶的所有种类。

紫砂壶泡更适合老白茶、紧压白茶和寿眉类的新茶。取白茶 3—5 克，投入紫砂壶内，用沸水醒茶后，再加入 100℃开水，稍停 1—2 分钟，倒出茶汤，即可品饮。紫砂壶泡饮 7 年以上的陈年老白茶，前 3 泡用紫砂壶，然后用煮茶器煮饮，就会呈现麦香、枣香、花果香、荷叶香，年份越陈的老白茶越煮越好喝。

爱喝紧压白茶或老白茶者，通常采用的泡茶方式就是煮，这也是紧压白茶和老白茶最适宜的泡饮方式，既能把其中有效成分析出，又能品饮香茗。福鼎民间一直有用陈年的白毫银针治咽喉肿痛和牙疼的习俗，尤其是上火和过度疲劳引发的咽喉肿痛和牙疼病症。取 3—5 克陈年白茶于炖罐里，置锅内隔水炖 10 分钟，倒出茶汤，投放少许冰糖，趁热饮用，十分有效。白茶可煮、可炖，像中草药一样，在有些人的眼里，白茶似茶又类似药。

办公室或会议用茶，采用商务泡法或大容器浸泡法。取白茶若

随性煮法

干，投入飘逸杯或大的容器中，冲入 90℃以上的开水，置几分钟后即可享用，一次置茶，多次泡饮，随冲随喝，方便实惠，多人受益。

民国马升记大中国茶壶（马树霞供图）

上述泡茶方式延续着古代的大缸泡法。福鼎官道上都建有茶亭，茶亭内都有专人泡茶，供路人歇息饮茶；如今，烧茶人和泡茶习俗都不存在了。在大缸里多投放些白茶，冲入95℃开水，水的量和置放时间不限，从几分钟到 24 小时，随时饮用。在福鼎很多家庭，都保持着这种传统的泡茶方式，上班或出工前泡好茶，下班收工回家饮用，不仅止渴，还能消除疲劳。

热水泡茶是常见的方式，冷水泡白茶，味道顶呱呱！用一瓶矿泉水，加入白毫银针若干（根据品饮者喜好茶汤的轻重口味），摇晃十几分钟后便可饮用，浸泡几个小时后滋味更佳。炎炎夏季旅游或者在不方便泡茶的时候，特别适合这种泡法。据相关研究表明，白茶降血糖效果冷水泡比热水泡更佳。

五

日久生情老白茶

一

茶客品饮茶都有各自习惯，有喜欢铁观音、武夷岩茶口感滋味浓厚的，有喜爱绿茶清新香气的，有偏爱红茶柔和韵味的，也有爱喝普洱茶和黑茶的，不一而足。刚开始品饮就爱上福鼎白茶者较少，他们认为白茶新茶滋味与汤色都较清淡，但其鲜爽甘甜滋味获得很多茶人认可；白茶存放几年后，汤色、滋味不断变化，不仅融合了红茶的汤色、黑茶滋味、青茶的厚重，而且可以煮着喝，煮茶时香气弥漫整个空间，能令人愉悦。经过一段时间品饮老白茶后，许多茶客会放弃原来饮茶的习惯。因此业界流传着：日久生情老白茶。

陈 15 年的老白茶

（一）日久生情

一直以来，白茶作为外销茶，远销国外，成为国外贵族的饮品。

2007 年前，国内的白茶销售几乎无人问津，更没有老白茶的概念，许多人喝了当年生产的新白茶，感觉滋味太淡，像喝白开水一样，这给福鼎白茶的宣传和推广带来一定的难度。懂得老白茶越陈越香的茶叶专家不少，骆少君就是其中一员，她极力向人们呼吁关注老白茶："白茶在福建茶区、华北地区都被作为清热解毒、消炎、解暑等作用的良药，所以古人云'功同犀角'"，"其实白茶的许多保健养生作用犹如野山参，还可以提高人体的免疫功能，储藏时间5 至 15 年的白茶效果更好；其有效功能性成分，如黄酮、茶氨酸、茶多糖、茶碱的含量更高，香气独特，玫瑰花香尤其显露，所以古今中外有不少人喜欢收藏白茶"。她以实际行动带领着茶友们喝老白茶。

福鼎民间流传着白茶有"一年茶、三年药、七年宝"说法。在缺医少药的年代里，福鼎茶农家中往往储存着一些白毫银针，以备

2005 年白毫银针的汤色

2010 年寿眉煮的汤色

不时之需，因为白毫银针可以清热解毒、治疗感冒发热、小儿麻疹等。当时白茶储存的条件有限，农户家里一般用牛皮纸或陶罐等储存茶叶，放在干燥的地方，如锅灶旁，有的埋放在地瓜米（番薯米）堆里，如果能够存放到 7 年，茶叶没有变质，就已经十分不容易了，因此才有白茶 7 年为宝的说法。

老白茶能令人日久生情的因素很多，老白茶的香气、厚度、滑度、润度、甜度、纯度俱佳，而且变化莫测。从口感和香气上，不同年份老白茶会有所不同，如荷叶香、枣香、陈香等，总体上品饮起来口感滑、甜感足，香气沁人心脾。老白茶可煮着喝，先泡后煮，滋味厚实、顺醇、糯枣香，一道好茶，三五好友，细细交流，把一道好茶从头到尾认真品完，接受它滋味的不同阶段和层次变化……

1. 香气

陈香是老白茶最基础的香气，若存储得当，经过 5 年以上转化的白茶会进一步升华，呈现出更加丰富的香气，例如兰香、豆香、药香、枣香、陈香、木香等。

2. 厚度

老白茶的厚度，是一种很舒服的感觉。当茶汤滑进口腔，唤醒味蕾，用舌尖搅拌茶汤，感受搅拌的力量和口腔被"蜜"的感觉，你就会充分感受到它的饱满丰富，也可以理解为一种黏稠感！

厚度和茶汤浓度并不相同，厚是老白茶质地的关系，茶汤在一定的强度，溶于水中物质成分较多时，在口感上就会比较醇厚稠密。

———
老白茶茶汤的滑度
（刘启摄）

3. 滑度

滑度指的是老白茶的"油润感"，通常很滑的茶，喝过后会有一种"留下了一层油"的感觉，这个需要和"没有苦涩味所以很容易咽下去"的感觉做区分。

其实滑度也是和茶汤的厚度有关系的，茶汤越醇厚，相应地滑度也会较为明显。茶汤进入口腔稍停片刻，通过喉咙流向食管有很圆润、很亲切、很自然的感觉，给品饮者的感触印象极强，而品质不好的茶汤就会有"锁喉"之感！

4. 润度

好的老白茶入口喉头得以滋润，立即解除干涸之感。资深的品茗高手，极其重视喉润的特色。这个润度对于老白茶来说是必需的，优质的老白茶品饮过后给人的感觉一定是温润如玉、如沐春风的！

冲泡了三四泡之后的老白茶汤，品饮时喉咙清爽滋润，口腔不干不燥，咽下去之后整个肚子是温暖舒适的，这就是老白茶的润度的体现！

5. 甜度

甜度是品鉴老白茶最简单、最直观的一个方面，好的老白茶在茶汤还未入口之时就能闻到甜香，此外，老白茶几乎没有苦涩味，因此这甜度也更加明显了！茶汤入口之后与舌面接触就能很快感受到甜度，并且会在口腔里、舌面上蔓延开来，绵长持久。

6. 纯度

纯度是老白茶制作工艺精湛与否的重要指标，纯度好的茶汤喝起来非常干净舒服。萎凋的环境是否卫生、方法是否正确、时间是否合适、储存环境是否理想，都可以从茶汤的纯度来考量！

正宗老白茶喝起来身心之感是不需要用华丽辞藻去描述的，那是一种天人合一、身心和谐的境界。爱福鼎白茶的一群茶痴，有的人为遇到一颗寻找多年的老白茶而热泪盈眶，他的生命已经和茶融为一体，以茶为媒，他和这个世界的博大连成了一体。

当年生产的福鼎白茶具有鲜爽、甘甜、醇香的特征，而老白茶的汤色、滋味、香气会使人日久生情。新茶和老茶相得益彰，很快获得消费者的青睐，尤其是老白茶的存量稀少，物以稀为贵，很多人开始追逐老白茶。近年来，老白茶的魅力逐步被茶界中爱茶人士所熟悉，越来越多人关注福鼎白茶。老白茶以其"越陈越香"的独特品质和魅力赢得了茶中"能喝的古董"的美誉。

（二）久藏成宝

不是所有的老白茶都会让你日久生情，生产加工工艺和储存方式不当都有可能使你的茶叶成为垃圾。只有白茶生产加工工艺纯真，含水率必须符合存储的标准，储存方式、方法正确，若干年后才会让你拥有一款上等的老白茶。要想拥有心仪的老白茶，需要了解影响白茶存储的主要因素。

1. 影响白茶存储的因素

影响白茶内含物转化的因素主要有光照、湿度、温度、氧气和存储地的纬度等。

光照　储藏环境中的光照条件，在一定程度上能影响白茶储藏过程中的品质变化。茶叶中的一些色素和脂类物质因对光照敏感而发生氧化转化，即光照可促使茶叶内含物质产生光化学反应，从而形成具有日晒味的丙醛、戊醛、戊烯醛等挥发性芳香物质，进而加速了白茶的陈化；同时，光照影响着茶叶在储藏过程中的物理形态变化，即在光的照射下，茶叶干茶色泽会发生变化，因内含色素的氧化作用而使得白茶外形色泽由银白至银灰至灰褐、灰绿至暗绿至黄褐至褐至棕褐的变化进程加速或超速，违背了白茶储藏的自然存放和缓慢氧化的原则。

湿度　湿度包括茶叶自身的含水率和储藏环境的相对湿度，茶叶的吸附性使其在储藏过程中对环境相对湿度的要求十分严格。湿度，是微生物生命活动的必要条件，是细胞内所进行各种生物化学反应的溶媒，也是化学反应的溶剂和霉菌繁殖的必要条件。茶叶的水分含量决定了生长微生物的种类，一般来说，含水分较多的食品，细菌容易繁殖引发食品霉变。就茶叶含水量因子对白茶储藏过程中品质变化的影响，康孟利等进行了相关试验，结果表明：茶叶含水量超过 6% 时，叶绿素的迅速降解和茶多酚的自动氧化会在一定程度上加速茶叶质变，尤其在气温较高、相对湿度较大的储藏环境下，白茶容易发霉变质。所以老白茶储藏原料的含水量应控制在 6% 以内，最好是 5% 左右。

温度　储藏环境的温度对茶叶的香气、汤色、滋味、形态均有很大的影响。康孟利等学者的相关试验结果表明，茶叶在 10℃ 以下的环境中存放，可较好地遏制茶叶褐变的进程。但是白茶存放根本目的是使其内含物进一步转化，因此，白茶的存放在常温下即可。为获得老白茶的显著陈韵，感受老白茶的陈香、滋味的醇厚感，参考的储藏环境温度为 25—31℃。

氧气　白茶在储藏过程中，与空气中的氧结合就会发生氧化反应。茶叶内含物质中，主要是茶多酚中的儿茶素和维生素 C，这两种物质在氧气充分的状态下，会产生新的物质，使茶叶发生质的改变，茶汤的汤色加深变红，使茶失去鲜爽味。实践证明，在高温无氧的条件下储藏，虽茶叶外观发生褐变，但内质变化不大；因此要保持白茶缓慢氧化的进程，则需注意白茶包装的密封性能。

异气味　茶叶都具有很强的吸附性能，尤其是福鼎白茶，因其芽叶上长满茸毛，更易吸附环境中的各种异气味而影响其品质。因此，要获得高品质的老白茶，白茶的储藏环境就必须杜绝一切异气味物质的存在。

微生物　引起茶叶霉变的主要因素是微生物，微生物大致分细菌、霉菌和酵母菌。这些微生物如霉菌的孢子肉眼难于分辨，如果温度、湿度等条件适合，孢子就形成霉菌细胞。一般情况下，含水量高于12%、氧气充足，温度在37℃左右最适合霉菌生长。袁弟顺教授做过实验，把含水量7%的茶叶分别置于15—23℃和24—30℃，相对湿度80%和90%的环境中，第5天分别有霉点和大量霉点产生，引起茶叶变质。

纬度　近年来，随着储存白茶的人士越来越多，有识之士对白茶存储地进行对比，发现高纬度的北方和北纬27°—30°的南方，存放白茶的效果有很大不同。北方降雨量少、湿度小，比较干燥，白茶转化慢，具体原因有待于进一步考证；南方多雨、湿度大，白茶内含物中反应比较激烈，因此内含物转化快，三年后茶汤的滋味、香气、口感就有很大的变化。

2. 存储方法

密封储存　白茶的储存杜绝氧气进入，防止水分的吸收，必须储存在密封的容器内，比如罐口密封性好的瓷罐、锡罐等，整件的保存纸箱或木箱内，内衬铝箔袋和塑料袋，无须打开，只要保存的品质和含水率合格，若干年后会给你一个惊喜。

避光储存　光线会让茶叶表面氧化，影响口感。包装材料必须选用能遮光者，如金属罐、铝箔积层袋、纸箱等。白茶在储藏过程中一定要避光存放，以免光线的直射影响，在日常的白茶品饮及储藏过程中，宜采用不透光的材料和容器。

锡罐　　　　　　　　　　　　　　瓷罐

　　常温储存　白茶内含物转化在常温下就可进行，无需在冷藏条件储存，同时也要避开北方冬天的暖气片，温度过高会加快其内含物的转化。储藏室内有通风散热措施，温度计实时显示储藏环境的温度。

　　无异味　白茶必须在无异味的地方储存。茶叶中含有高分子棕榈酸和萜烯类化合物，极易吸收各种气味，所以要避免接触各种杂味、异味。

　　环境干燥　储存的地方必须干燥。储藏环境的相对湿度一般控制在 50% 以下，以防止茶叶吸潮而变质。储藏室内应有除湿措施，同时配有湿度计实时显示储藏环境的相对湿度。潮湿是储存白茶第一大忌，同时也最难防。为此，放置需不落地，用干燥剂吸潮并勤更换，梅雨季、南风天时，需抽湿保障干燥度。

113

———
窖藏白茶

3. 收藏储存

保存白茶应选择密封性好的容器，如锡瓶、瓷坛、有色玻璃瓶、铁罐、木盒、竹盒、塑料袋、纸盒等。保存茶叶的容器要干燥、洁净，不得有异气味；茶叶装进容器后，宜放在干燥通风处，切忌放在潮湿、高温、暴晒、不洁净的地方。储藏的地方杜绝有樟脑、药品、化妆品、香烟、洗涤用品等有强烈气味的物品。

许多人购买当年产的白茶，就是要把它储存为老白茶，储存方式分库藏保存和家庭存储。

库藏保存　储藏环境要常温、避光、干燥、无异气味，水泥地板最好再铺层木板。内包装最好保持原样，外用纸箱，纸箱周边用胶布封紧。储藏过程中，无特殊情况不要轻易打开包装物，以免多余空气进入茶叶中导致其受潮、串味或超速氧化。南方气候潮湿，

注意保存的细节，储藏环境的相对湿度应控制在 50% 以下。

如今往往采用"铝箔袋 + 塑料袋 + 纸箱"的组合包装，即最里层用铝箔袋，中间一层用食品级塑料袋，铝箔袋和塑料袋一定要将口扎好；最外层用纸箱，然后把箱子四周用透明胶带密封好。以前白茶出口的包装方式：最里层用食品级塑料袋，中间层是铝箔袋，最外层用纸箱。因此，铝箔袋与塑料袋哪个置最里层常引起争议。

密封保存

家庭存储　储藏环境要常温、避光、干燥、无异气味。喜欢一边喝茶一边抽烟的茶友应注意，敞开的茶叶容易吸附异气味，因此，在取用茶叶后要注意密封好。拆开的饼茶或较多的散茶可存放于大

家庭存茶

的牛皮纸袋中，短时间内够喝的茶可存放于小的牛皮纸袋中，大的牛皮纸袋平常尽量少打开。如果在南方，最好用自封袋装好后，再放入牛皮纸袋封紧，双保险，因为潮湿和异气味，是茶叶的天敌。有条件可考虑将茶叶装在密封性极好的锡罐中，也有利于保持茶叶的优良品质及后期陈放过程中物质的转化。

（三）越陈越香

把白茶存成优质的老白茶，是这些年茶界随收藏普洱茶热降温后逐渐兴起的产业。科研机构以及茶业文献资料很少涉及白茶储存，许多人是借鉴黑茶和普洱茶储存方式建设茶仓。

2006年前，对白茶贮藏过程中化学变化的科研几乎是空白的。袁弟顺在《中国白茶》中写道："由于白茶外形粗松，与空气接触面积大，因此白茶比较容易陈化，陈化影响白茶品质。但也有民间传说陈白茶的治病效果更好，这种说法是否有科学依据，尚不得而知……白茶贮藏过程茶多酚继续被氧化，聚合成茶黄素、茶红素，进而成为褐色素（高聚合物），白茶汤色加深变暗，贮藏过程的烘焙促进了白茶多酚类的氧化。"

成品茶存放过程内含物成分发生怎样变化？近年来，湖南农业大学刘仲华、中国农科院茶叶研究所林智、浙江大学茶学系屠幼英、安徽农业大学宁井铭等教授分别对年份茶的成分、保健功效、内含物转化机制等方面进行初步的研究，已有成果发表和公布。

———

2007 年老白茶（刘启摄）

　　林智教授和其团队对白茶化学成分、香气成分以及白茶储存过程的化学反应进行研究，发现白茶储存过程发生缓慢化学反应，白茶长时间储藏过程中，儿茶素与茶氨酸会发生结合反应，形成一类新物质。白茶在储存过程中也会有美拉德反应缓慢发生。这些反应都是属于非酶反应。

　　一直以来，认为白茶在储存过程中进行着酶促反应，林智教授团队的研究发现，美拉德反应增添了白茶储存内含物转化的变数。

　　茶多酚酶等酶类继续在白茶贮藏过程中起作用，茶多酚转化为黄酮、茶红素、茶黄素以及醛类芳香类物质，使白茶的滋味与汤色不断出现变化，同时使白茶更耐泡、醇厚。陈年白茶在贮藏过程中，儿茶素总量、酯型儿茶素含量及比例均会大幅降低，由此造成了陈年白茶更加醇和回甘的口感。福鼎白茶由于独特的萎凋工艺，使得

2011 年寿眉紧压白茶
（刘启摄）

酯型儿茶素水解，积累了比红绿茶更高的没食子酸；而且，随着白茶贮藏年份的延长，没食子酸的积累量增多，这些是福鼎白茶特征性品质风味及多种保健养生功能的重要物质基础。老白茶拥有相对较低的酚氨比值，这是老白茶淡雅、醇滑滋味的主要原因。

紧压白茶在加工过程中高温蒸压，其中的酶类消失殆尽。因此存储过程中不断进行美拉德反应，其反应的产物是棕色的，因而也被称为褐变反应。反应物中羰基化合物包括醛、酮、还原糖，氨基化合物包括氨基酸、蛋白质、胺、肽。茶饼内含物丰富，形成紧压白茶的颜色丰富特征，其中白毫、黑梗、棕色叶片以及暗绿色叶片更有脉络感，叶底肥润。

安徽农业大学宁井铭教授对白毫银针、白牡丹、贡眉、寿眉这4个等级，及同个等级不同年份共127个茶样进行了品质成分变化的分析，寿眉和白牡丹中没食子酸含量随贮藏时间增加均逐渐增加；

但儿茶素含量呈降低趋势。生物碱相对稳定，不过在储藏 20 年后含量较高，茶叶碱或可可碱增加幅度大，可能是咖啡碱转变为茶叶碱所致。不同存放年份的寿眉中主要挥发性成分是醇类、醛类、酮类和酸类，随着存放时间的延长，前三者所占比例降低，而存放 20 年酸类增加近 6 倍，茶氨酸和总氨基酸含量均呈逐年降低趋势。

（四）品鉴老茶

1. 陈年白茶的感官品质

从专业的感官审评结果上看，随着年份的增加，白茶的干茶外

| 2010 年寿眉的汤色 | 2011 年寿眉的汤色 |
| （刘启摄） | （刘启摄） |

形色泽会逐渐加深，茶汤汤色的色度值会逐渐增加，香气会由清香、毫香、嫩香逐渐向清甜香、荷叶香、枣香、药香转变，滋味的醇厚感、绵柔感、滑口感、甜感等强度会逐渐加强。

从汤色来看，真正的老白茶冲泡出水后，汤色成黄色或琥珀色，年份越长汤色越深，但无论如何，色泽都是透亮鲜明，丝毫不混浊。而做旧的发酵之后的老白茶，尤其是已经变质的白茶，汤色往往混浊不堪。

从香味来看，真正的老白茶会有一股浓浓的药香，闻之沁人心脾，随着年份的增加这股香味会逐渐加强。茶汤入口，甘甜生津，药香融入柔滑黏稠的汤液中，经由喉咙直击心窝，回味无穷。

从耐泡度上来看，真的老白茶泡过十几泡之后，汤色和味道依然不比初泡时差多少。而假的老白茶，几泡之后早已淡而无光，索然寡味。

从叶底看，真的老白茶，即使是陈放十多年的，经过多次冲泡后，叶底依然可以看到棕色。而假的老白茶，有些因为发酵过度，冲泡后的叶底往往成黑色。

制作工艺上乘的福鼎老白茶，汤色红浓如陈年葡萄美酒，浓艳的炫目到极致。老白茶是时间自然转化而成的，口感顺滑，有糯香、樟香、药香或者枣香。

2. 老白茶品鉴

通常来说，审评茶叶都是用当年生产的白茶为茶样。老白茶是近年来新兴的茶叶品类，关于老白茶的审评和品鉴资料屈指可数。因此，把老白茶品鉴进行单列。

品鉴老白茶先赏干茶外形，白毫银针茸毛色泽成银灰色且银亮，茸毛致密，与褐色的芽身形成鲜明对比。白牡丹特有叶张、叶背呈深褐色或黑色，茸毛银灰色。寿眉叶张呈现深褐色。紧压白茶表面端正、平滑，芽毫呈现银灰色，叶片深褐色。

2011 年寿眉紧压白茶之茸毛（刘启摄）

老白茶的干茶香气和新茶完全不同，具有纯正的陈香，白毫银针、白牡丹、寿眉紧压白茶的陈香香气显现又不同，形成香气成分

煮老白茶的挂杯现象（刘启摄）

本身十分复杂，描述具体的香气，依个人感官而不同。

老白茶茶汤滋味会逐渐呈现陈香、药香、枣香、荷香、毫香味等不同滋味；存放时间 7 年以上的老白茶香气、滋味更佳，而且滋味变得浓醇顺滑，香气变幻莫测。因此存放时间越长的老白茶越珍贵。

汤色清亮是老白茶基本标准。汤色呈现深黄色、红色、深红色、琥珀色，随着年份的增加，汤色会逐渐加深。好的老白茶，茶汤会有挂杯现象。

老白茶冲泡后的叶底鲜亮有活力。

2011 年寿眉叶底（刘启摄）

六

保健功效有密码

一

　　白茶是 21 世纪以来受国外高度关注的茶类，国外对白茶保健功效的研究比国内早，2001—2013 年 SCI 发表白茶研究报告 43 篇，其中 35 篇是白茶与健康，8 篇是白茶化学。随着白茶知名度在国内的提升，也吸引越来越多的国内专家学者参与到白茶的研究中，湖南农业大学刘仲华教授，浙江大学王岳飞、屠幼英、龚淑英教授，福建农林大学孙威江教授，中国农科院茶叶研究所林智教授，中国疾控中心韩驰研究员等都认真探索白茶的化学成分及其保健功效。据统计，国内外关于白茶的学术论文达近千篇。

　　与其他茶类一样，福鼎白茶对人体保健功效起作用的主要成分有茶多酚、茶氨酸、咖啡碱、茶多糖、维生素以及有机酸等物质。但是，福鼎白茶又有别于其他茶类，其工艺自然、不炒不揉，最大程度保留茶叶中的营养成分和活性酶，自由基含量最低；同时福鼎白茶的内含物在存储过程会产生变化，随着时间推移茶多酚发生转化，黄酮含量升高，成为六大茶类中含量最高的一种茶类；茶黄素、茶褐素、

刘仲华教授谈白茶的保健功效（吴维泉摄）

茶红素以及芳香类等物质不断产生和变化；此外，在福鼎白茶的存储过程中，还发现一种其他茶类所不具有的功能性物质，这些特点造就了福鼎白茶功效的独特性。

福鼎白茶的保健功效可归纳为三抗（抗氧化、抗辐射、抗肿瘤）、三降（降血压、降血脂、降血糖）作用，以及提高免疫力，抗菌抗病毒，保护心血管、肝脏，调理肠胃等多项功能；年份白茶在保健功效上更有独到的表现。

（一）茶药同源

1. 万病之药

《神农本草经》：“神农尝百草，日遇七十二毒，得荼而解之。”荼即茶也。唐代医学家陈藏器在《本草拾遗》中提到“茶为万病之药”。茶叶入药，由来已久。

从尧时太姥娘娘用白茶治麻疹的传说，到民国卓剑舟在《太姥山全志》中所言：“绿雪芽，今呼为白毫……性寒凉，功同犀角，

《太姥山全志》

为麻疹圣药，运售外国，价与金埒。"可以看到，白茶一直以药用被人所知。

白毫银针早期在东南亚等国是在药店里出售的。1949 年后，北京同仁堂药店依然延续着清代以来的传统，每年向福建省茶叶公司购买 25 千克的白茶，作为高级药丸的配药和药引。

2. 缺医少药的年代

福鼎民间也有很多茶疗方子用于消炎、去热毒、治麻疹、退热等，这些都是勤劳聪明的福鼎人民流传下来的经验和智慧结晶。

在缺医少药的年代，由于交通不便，加上县城和乡镇的医院遥远，农村许多人患上火牙疼、头疼脑热或出麻疹等，就会撮些许白毫银针炖着喝，很快就能见效。一些从事唱木偶戏或澎澎鼓的、说书的、教书的，都备有白毫银针茶，一旦嗓子沙哑了，就马上取一

20 年以上的老白毫银针

小撮陈年白毫银针炖冰糖喝，歇上两三个时辰就又能上台说与唱了。许多乡下郎中把银针当药材配伍用。在老百姓的眼里，白毫银针几乎是能治百病的好东西！

3. 中医阐释

茶疗并非毫无依据。明李士才《雷公炮制药性解·卷五》载："茶茗，入心、肝、脾、肺、肾五经。"茶的归经分别是手少阴心经、手太阴肺经、足太阴脾经、足厥阴肝经、足少阴肾经。李时珍《本草纲目》云："茶苦而寒，阴中之阴，沉也，降也，最能降火。火为百病，火降则上清矣。然火有五火，有虚实。若少壮胃健之人，心、肺、脾、胃之火多盛，故与茶相宜。温饮则火因寒气而下降，热饮则茶借火气而升散；又兼解酒食之毒，使人神思阎爽，不昏不睡，此茶之功也……"中医的经络理论和阴阳学说以及五行相生相克都能阐释白茶入药的原理。

4. 白茶宴

骆少君曾经留下偏方：1只土鸡、15克枸杞、1个汤山梨、10克白毫银针。先把鸡煮烂，再去掉梨心，加上白茶和枸杞炖，对防治呼吸道疾病和增强人体免疫力具有很好的作用。白毫

茶香爆米跳鱼（白茶宴）

银针炖土鸡在福鼎民间已经流传很久了，是一道传统的食补大菜。

银针氽海蚌（白茶宴）

制作白茶宴，把白茶吃进去，使茶叶中不能冲泡出来的物质经过肠胃的吸收，成为人体有效成分。福鼎烹饪协会的厨师们已经开发出银针氽海蚌、鲤芋白茶、茶香爆米跳鱼等白茶宴，把茶叶吃下去，从而提高白茶对人体的保健功效。

（二）功能成分

福鼎白茶主要功能性成分有茶多酚、咖啡碱、氨基酸（主要是茶氨酸）、茶多糖类等。

1. 茶多酚

茶多酚是茶叶中酚类及其衍生物的总称，是茶叶功能的最主要活性成分，具有防止血管和动脉硬化、降血脂、消炎抑菌、防辐射、抗氧化、抗肿瘤、抗突变、抗衰老等多种功效。白茶中茶多酚含量

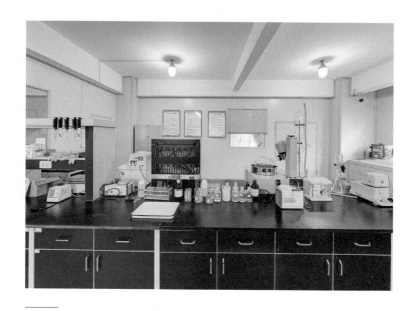

白茶实验室

为 18.3%—33.0%，主要由儿茶素类、黄酮和黄酮醇类、花青素和花白素类、酚酸和缩酚酸类组成。有实验表明黄酮类在六大茶类中以白茶含量最高，比黑茶中含量几乎多一倍，并随贮藏时间的增加，白茶中黄酮含量递增。黄酮的功效是多方面的，它是一种很强的抗氧化剂，可有效清除体内的氧自由基，改善血液循环，降低胆固醇含量，抑制炎性生物酶的渗出，可以增进伤口愈合和止痛。

在白茶加工过程中，儿茶素被氧化聚合成茶黄素、茶红素、茶褐素等一系列有色化合物，茶黄素在白茶中含量为 0.1%—0.5%，具有抗氧化、预防心脑血管疾病、预防龋齿、防抗肿瘤、抗菌抗病毒等功效。

2. 氨基酸

茶氨酸占白茶氨基酸含量的 50% 左右，对白茶的滋味、香气起着至关重要的作用，茶氨酸是形成茶汤鲜爽滋味的主要因素。现代医学研究发现，天然茶氨酸具有以下几方面功效：促进神经生长和提高大脑功能，从而增进记忆力和学习功能，并对帕金森病、老年痴呆症及传导神经紊乱等疾病有预防作用，防抗肿瘤，降压安神，能明显抑制由咖啡因引起的神经系统兴奋，从而改善睡眠；具有增加肠道有益菌群和减少血浆胆固醇的作用；还有保护肝脏，增强人体免疫功能，改善肾功能，延缓衰老等功效。

林智教授研究发现，各茶类中福鼎白茶 γ - 氨基丁酸含量最高，其具有改善脑功能，增强记忆力，镇定神经，抗焦虑，治疗哮喘、癫痫症，活化肝肾功能等功效。

3. 咖啡碱

咖啡碱的作用极为广泛，会影响人体脑部、心脏、血管、胃肠、肌肉及肾脏各部位功能。适量的咖啡碱会刺激大脑皮质，促进感觉判断、记忆，促进心肌功能活跃，增强血液循环，提高新陈代谢；咖啡碱还能减轻肌肉疲劳，促进消化液分泌。同时它的利尿作用会帮助排出体内多余的钠离子，却不会像其他麻醉性、兴奋性物质（麻醉药、兴奋剂之类）蓄积在体内，约 2 小时会被排泄掉。

4. 茶多糖

茶叶中的糖类包括单糖、双糖和多糖，其含量占干物质总量的

25%—40%。其中单糖和双糖为可溶性糖，多糖包括淀粉、纤维素、半纤维素和果胶等物质。多糖可与蛋白质结合成紧密的复杂混合物，又称为糖蛋白或酸性糖蛋白，同时结合有大量矿质元素钙、镁、铁等和少量微量元素，为不可溶性糖。茶多糖在降血糖、降血脂和防治糖尿病方面效果显著，同时具有抗凝血、抗血栓、增强机体免疫力、抗氧化、抗肿瘤、防辐射等作用。

5. 芳香类物质

此类物质多数为具有花果香的 β - 芳樟醇及其氧化物、香叶醇等醇类成分，此外，还有较多数量的具有天然冬青油特征香气的水杨酸甲酯等芳香族化合物，专家推测正是这些香气成分相互组合，构成了白茶特有的毫香清鲜的香型特征。

骆少君、韩驰、陈兴华谈白茶保健功效

（三）保健功效

1. 美容养颜

人体衰老的元凶是自由基。福鼎白茶具有抗氧化功能，而抗氧化其实质是清除体内自由基的过程，白茶的提取物能消除过多的氧自由基，进而达到美容养颜的功效。茶叶专家刘国根等测定了白茶、黄茶、

白茶衍生产品

绿茶、红茶、青茶、黑茶等茶叶的自由基含量，发现白茶的自由基含量最低。

国外科研机构比较早就开始进行白茶美容养颜功效的研究。许多知名的护肤品、日用品，如香奈儿十号乳液、完美世界白茶润肤露、安利保洁固齿龄白茶牙膏、雅格丽白茶净颜美白5件套装护肤化妆品、佰草世家白茶抗氧水养洁面乳、雅诗兰黛旗下的知名品牌"品木宣言"白茶净肌保湿精华液、唯真白茶化妆品、家美乐白茶抗氧防老化美肌系列、英国NYR有机白茶滋养面膜等都含有福鼎白茶的提取物。

2011年刘仲华教授和他的研究团队对福鼎白茶进行探究，揭秘

福鼎白茶美容养颜、抗衰老的机制。研究发现，福鼎白茶能有效清除过量的氧自由基，抑制细胞内毒性羰基的生成，有效抑制皮肤色素沉积（黄褐斑、雀斑等）和老年色素荧光物质（老年斑）的形成。其科研团队还通过秀丽线虫的研究，结果表明福鼎白茶表现出优异的抗衰老能力。

2. 提高免疫力及造血功能

白茶能显著增加或改善正常和血虚小鼠的细胞免疫功能。1994年陈玉春实验表明，白茶能显著促进正常小鼠淋巴细胞及混合脾淋巴细胞、血虚小鼠脾淋巴细胞及混合脾淋巴细胞分泌 IL-2 水平（IL-2 是具有广泛免疫调节作用的淋巴因子）。

美国克利夫兰凯斯西储大学的研究者证明，在免疫系统中，皮肤外层的朗格汉斯细胞（表皮）是免疫系统的最外层，白茶提取物能保护其免于阳光的破坏。同时，白茶提取物能保护皮肤免受氧化应激和免疫细胞的损伤，有效提高皮肤细胞的免疫功能，从而保护它们免受阳光的损伤，这在抵抗皮肤癌中是一个重要因素。

3. 降血糖

中国疾控中心韩驰研究员在白茶辅助降糖作用人体干预研究中，证实了白茶能明显改善 2 型糖尿病患者的临床症状，降低空腹血糖及餐后 2 小时的血糖，对患者胰岛素分泌有一定促进作用。

2018 年 3 月 29 日，在白茶与糖代谢疾病国际高峰论坛上，屠幼英教授讲解了《白茶多糖的理化性质和功能》：茶多糖是由茶多酚与蛋白质和核苷酸相结合的糖复合物，具有抗凝血、抗辐射、抗

葡萄牙波尔图大学奥利维拉教授论白茶降血糖功效

氧化、降低血糖水平、细胞通讯、细胞黏附和免疫系统的分子识别等生物活性。白茶多糖有优异的降血糖效果，对肿瘤细胞有抑制作用。澳门大学李绍平教授的研究表明：白茶多糖在体内不影响血糖，可以促进代谢；白茶的加工工艺与其他茶类不同，工艺越简单，保留的小分子抗氧化成分更多，饮用白茶能够提高抗氧化性，减少高血糖对细胞的损伤。葡萄牙波尔图大学阿尔维斯博士主讲了《白茶可有效改善代谢疾病相关的心脏和脑损害》：白茶拥有更高的茶多酚含量，可以提高葡萄糖耐受能力和胰岛素抵抗能力，通过改善抗氧化能力减轻糖尿病患者大脑损伤。葡萄牙波尔图大学奥利维拉教授指出：避免糖尿病的发生及其并发症的方法，饮用白茶便是更经济的一种方式。

4. 保护肝脏

袁弟顺教授通过用白茶浸提液饲喂四氯化碳（CCl_4）致急性肝损伤小鼠试验发现，白茶萎凋过程中活性物质的缓慢变化形成的活性成分有利于抑制肝损伤小鼠的谷丙转氨酶（ALT）增高，降低丙二醛（MDA）的含量，从而对小鼠 CCl_4 致急性肝损伤起保护作用。林秀菁在研究白茶提取物的抗氧化及肝保护作用试验中，再次验证了白茶提取物具有较高的抗氧化作用，对肝损伤有保护作用。

福建农林大学林秋香等，通过测定白毫银针茶汤干预前后细胞的三酰甘油（TG）含量、超氧化物歧化酶（SOD）活力水平、丙二醛（MDA）含量变化，发现白毫银针水提取物能减轻非酒精性脂肪肝模型组肝细胞 TG 蓄积、降低细胞内 MDA 含量、升高 SOD 活性，对防治非酒精性脂肪肝有益。

5. 保护心血管

维生素 P 能扩张小血管，起到直接降压作用，而白茶加工工艺较好地保留了维生素 P 重要成分——槲皮素。白茶丰富的茶多酚、维生素 C 有助于降低血液中胆固醇浓度，并且可以增强血管弹性及渗透力。

6. 抗菌、抗病毒

佩斯大学的研究人员在美国微生物学会第 104 届大会上发表了他们的研究成果：白茶提取物能减慢引起葡萄球菌感染、链球菌感染、肺炎和龋齿的细菌的生长，从而发挥预防作用。研究还表明，在白茶提取物的存在下，青霉孢子和酵母菌的酵母细胞是完全失活的。白茶在灭活细菌、病毒方面比绿茶更有效，在一个公认的细菌病毒模型系统中获得的结果表明，白茶提取物可能对致病的病毒有抗病毒效果。

7. 抗肿瘤

日本《食品与食品添加剂》杂志在《白茶——新的癌症抑制剂》一文中提到，白茶的抗肿瘤活性很活跃，结果有力地支持了白茶对抗结肠癌早期病变的作用，这些结果表明白茶在癌症预防中可能可以成为治疗药物的辅助品，从而降低非甾体类抗炎药剂量。这是非常重要的，因为在一些患者身上，用非甾体类抗炎药治疗会延长毒性，而与茶结合可以降低非甾体类抗炎药的剂量，这能在获得一个良好治疗效果的同时降低副作用。

美国癌症研究基金会的研究资料表明，白茶作为一种新的抗肿瘤物质，具有不断抑制、缩小肝癌的肿块，提高人体免疫功能。王刚等研究了白茶和绿茶的抗肿瘤效果，结果表明对胃癌细胞株（AGS）、人体结肠癌细胞（HT-29）处理时，白茶均表现出很强的抑制效果。

8. 抗辐射

刘仲华教授在对福鼎白茶抗辐射的研究中发现，皮肤光老化是紫外辐射引起皮肤细胞衰老的现象。通过对成纤维细胞L929受紫外辐射后的电镜观察以及流式细胞凋亡检测发现，福鼎白茶能有效清除紫外辐射产生的过量自由基，增强皮肤细胞的抗氧化力，对紫外辐射引起的细胞损伤具有较好的保护作用。相比其他茶类，白茶自由基含量最低，黄酮含量最高，氨基酸含量平均值高，抗辐射功效更显著。

9. 年份白茶的独到保健功效

刘仲华教授通过对 1 年、6 年、18 年的白茶同时进行保健功效研究发现，随着白茶贮藏年份的延长，陈年白茶在抗炎症、降血糖、修复酒精肝损伤和调理肠胃等功能方面，作用效果更强。也就是说，老白茶在保健功效方面有特殊的效果。

七

传承非遗续茶香

一

（一）百年老号

唐宋以降，官府设立榷货务、茶马司等机构统制茶叶，至清代，福鼎茶叶由私营茶行掌控。外地洋行、茶行进入福鼎进行茶叶贸易与销售，催生了境内茶号、茶馆及生产商的发展。清末民初，闽南茶行金泰号、广东茶行广泰号，合称南广帮，在白琳开设茶馆收购茶叶。福州、上海洋行也来到福鼎委托当地茶商收购，茶叶销往苏联及东南亚各国。民国中后期，本地茶商、茶馆积累雄厚的资本，摆脱外地茶行、洋行控制，将茶叶直接运往营口、上海、福州及香港等地，壮大了境内的茶叶商业。

1929 年，管阳七蒲村董启政等人在当地募金置茶田，留下七蒲桥茶田碑，碑刻铭文记载有捐金茶人芳名达百余人。七蒲桥为闽浙边境之要道，西南入闽省腹地，东北通向浙江南境。为长久给过往行旅提供茶水，乡人通过捐资方式创立茶田。在另一方民国初年重建双平碑中铭文，也录有当时地方的捐金茶人，有邵维羲、袁子卿、梅伯珍、蔡宅卿、许万泰、何衍盛、陈信记、陈源兴、萧忠记、陈合祥等几十位茶人。碑铭既是造桥修路的功德榜，也是福鼎一段封尘了的茶业史。

1941 年，福鼎核准茶号有记载的以白琳居多。白琳有长岐吴观楷双春隆、袁子卿合茂智（橘红创制人）、蔡国嘉恒丰泰、陈加伟（其子陈延锦）、詹振步广泰（其子詹家熔，广州人托办）、詹振班同顺记、林汉章福泰、陈尧庭、陈家义、篱巴馆、占清荣、胡信泰、蔡希彟、蔡维顺，叠石王茂泰、王宜春、王祥福、林刘资，周锐生华大、林寿诒生利元、林汝良生利兴、林碧如生利隆、王应中福大、詹忠评同泰、吴守惠陞和、陈寿敬福、林树均林杏记、周忠杰春和、周宗彬广生、平老鼎建春等，以及白琳李华卿白茶合作社。

店下也有不少，俞秋记、林明栋新法发、俞福记、李记、周介西穀旦、李柏如新宝源、傅维辉协益、丁子香新源昌、俞春圃复成。

还有城内张维周鼎大、郑步濂鼎兴，叠石乡林炳南林春生，透埕乡王玉卿同春德，点头池云彬联春泰、陈浩生福兴、曾焕齐鼎华，浮柳林如成恒和盛，点头梅吓武（柏柳人），巽城缪仰西华成、朱英俊成和，杞坑阮德寿福隆，后岚亭林启明合盛兴，前岐林昌庆瑞发成。

现已考证清代至民国著名的茶行商号简略如下：

1. 三泰茶庄

三泰茶庄创始人萧正枢。萧正枢（1788—1853），字梦轩，副贡生，少颖异，29 岁时就被其父委为总理家政，管理翁潭萧氏所有产业。1805 年前后创建三泰茶庄。"泰"即"通"，"三泰"取意收购、茶行、运销三通，寓意财源亨通。时三泰茶庄主营白琳工夫、白毫银针，兼营绿茶等。萧正枢将三泰茶庄立足上海时，

三泰茶庄

正值中国茶叶占世界茶叶出口的绝对份额，销路极好，利润也高。没几年，三泰茶庄得到空前的发展，在国内许多地方设有分号，贩茶所得利润更是高得惊人。1841年五口通商后，福州、厦门成为茶叶出口口岸，大大促进闽茶的发展。萧氏三泰茶庄以其雄厚的实力，成为了当时闽东极具影响力的茶叶商号，一度风靡上海滩。三泰茶庄经萧氏父子两代人的努力，至咸丰初年达到了鼎盛。

2. 张元记

1863年，张永德创立"张元记"的字号。张永德，家住石邦福（原名石崩窟），世代"垦山种茶为生"，四个儿子分别取元、亨、利、丁四房，他的茶行就取长子的"元房"为号，

茶烟商张元记"春膏洋溢"匾额

故称"张元记"。《张氏宗谱》记载："购闽浙于烟茶，通商各处；肯大厦有三座，千顷承租。"当时桐山有民谚曰："世上有钱张元记，采茶捆菸头一家。"在清末民国初"张元记"的事业达到了第一个高峰。"张元记"发展的第二个高峰在抗日战争时期，此时"张元记"已有"上张元记"和"下张元记"之分。"上张元记"地处原桐城区公所，就是张守龙"肯大厦有三座"之处，"下张元记"又名"张俭记"，由时任福鼎县茶叶公会会长张维周经营。

3. 祥丰茶庄

祥丰茶庄又叫洋中茶馆，位于白琳康山王渡头，创办人为蔡维侧（1850—1903）。白琳平厝里一平姓人家在康山王渡头经营茶庄，因经营不善而破产，制茶的厂房被官府没收，这也给蔡维侧创办祥丰茶庄提供了一个良好的契机。蔡妻丁氏乃当时丁县令的表亲，于是丁县令就让蔡维侧租用平姓人家的厂房开始制茶，厂房共24溜，在白琳属于很大规模的茶庄。蔡维侧经营有方，茶叶质量上乘，销量不断增加，几年后以很低的价格买下厂房。祥丰茶庄主要制造红茶、白茶和绿茶，产品远销新加坡等地。

4. 棠园邵维羡茶庄

茶人邵维羡（1855—1931），字歆立，号秋溪，清例授国学生，白琳棠园莘洋村人。邵维羡以制作、经营茶叶起家，家道殷实。鼎盛时期，邵家拥有田租1200多担，茶叶销售福州等地。邵氏业茶始于维羡祖父化轩，其父亲大利

邵维羡故居

经商，维羡承家业于1907年前后，在白琳开茶庄，并邀请柏柳村茶人梅伯珍合伙，前后有五六年之久。1914年春，邵维羡六十寿，福建民政长汪声玲赠匾"明经耆宿"。1924年七十寿，子婿丁文仕、

袁子卿祝寿匾"佩缓春绵"。今莘洋老坪店保留有邵维羡发迹后所建四合院古民居，占地面积 300 多平方米。古民居悬山式门枋题留"仰绍东陵"四字，代表家世曾显赫非同一般。木质大门上书神名号"神

"明经耆宿"牌匾

茶""郁垒"。大门加青石阶，镌门联："依山长此仁为美，处世端惟让可风。"处处流露仁厚、谦和的茶人家风。

5. 梅伯珍（恒春祥）茶号

梅伯珍（1875—1947），字步祥，号筱溪，点头柏柳人，把福鼎白茶推销到天津、香港、南洋等地，声闻闽江，榕城人尊称他为"梅伯"，善于研制新产品，发明茉莉花茶，有"梅占魁"之号。民国初期，梅伯珍往省城福州销售茶叶，认识了福州大茶商马玉记，以其诚信、勤俭，受到马老板的称赏。1929 年，福茂春茶栈聘任梅伯珍当经理，前往新加坡，把茶叶投在振瑞兴洋行代售。此后他两度下南洋，在南洋各埠销售茶叶。1931 年前后，他再次与福茂春合作，采办茶叶输送到天津。梅伯珍还任职福州福鼎会馆茶帮会计，购置整座三进式的恒昌垾及仓库和花园作为产业，会馆经营了 6 年。1938 年，茶业由官厅统制，梅伯珍被聘任为华大公司十厂联合采办经理，共采办茶叶 1.3 万件，运到香港出售。第二年，福建省建设厅创设示

范茶厂，福鼎设白琳分厂采办茶叶，省里派庄晚芳局长、游通儒厂长、陈大鼎主任亲自抓示范厂，聘请梅伯珍为福鼎茶业示范厂总经理兼副

梅伯珍获赠 "莽苑耆英" 牌匾

厂长，采办茶叶 5800 多件。1941 年，梅伯珍 66 岁生日时，庄晚芳赠送一方木质牌匾"莽苑耆英"庆贺。他的行商履历记录于手稿《筱溪陈情书》《民众困苦情形录述》，真实地记录当时社会民生状况，足见一个茶人的忧国忧民情怀与风范。《筱溪陈情书》记录与福州马玉记茶叶生意的经历："递年往省售茶，结账尽归余负责，对于往来交易，概无失信用。蒙马玉记老板视余诚实朴俭，生意另眼相看，民国甲寅乙卯两年获利颇厚。"

6. 双春隆茶馆

创办人吴世和，又名吴观楷（白琳人都称其为白琳亥），馆址在大马路，与福州华大联号合作。1940 年双春隆，注册资本金除了 6000 元大洋，还有另一茶行"第一春"，主体人与代表虽然注册是吴安兰，实际控股是双春隆茶馆，是福鼎最大的茶商。据汪家洋村林绳绸（祖父林圣松）说，吴观楷每年清明到村里收福鼎大毫茶制作的白毫银针，银针比其他地方粗壮，吴观楷把汪家洋每年收购的只有几十千克的银针，撒在其他银针的表面，称其为"首面"（福鼎大毫茶制作的白毫银针）销往海外。在茶季初时，双春隆茶馆还

民国时期的茶馆——双春隆旧址

发行茶行银票，以弥补毫洋、铜元之不足，作为向农户收购毛茶、发放拣茶工人的工资。

7. 合茂智

袁子卿（1898—1965），字宗宋，名承赵，邵维羡之婿，20 世纪 20 年代创办合茂智茶行，经营白琳工夫红茶、白茶等。1930 年，袁子卿在福州销售白琳工夫时，发现福州高丰茶行老板吴少卿选购的安徽祁门红茶，色泽鲜红，茶味醇郁，比白琳工夫红茶更胜一筹；袁子卿回白琳后充分发挥福鼎大白茶特点，精选嫩芽，制成工夫红茶，其条形紧结纤细，含有大量橙黄白毫，特具鲜爽愉快的毫香、汤色，叶底呈橘子般红艳，投放市场后，广受欢迎。上海华茶公司于 1934 年来到白琳监制工夫红茶，把它定名为"橘红"，意为橘子般红艳的工夫红茶。

8. 广泰茶行（同顺）

广泰茶行实际上是民国时期广东茶商与白琳茶商相结合的产物，白琳茶商詹振步、詹振班兄弟与派驻白琳的广州茶商曾镜银（绰号阿炮）合作，在康山溪坪合伙开办的一个大茶行。詹振步、詹振班负责收购茶叶，广州茶商负责销售。由于生产与销售两旺，广泰茶行发展很快，除了在康山有厂址，还在石门头开设分厂；后因为詹振步在海上遇海盗遭刺杀身亡，使商号受到影响。1950 年中国茶叶总公司福建分公司在康山广泰茶行旧址建设福鼎县茶厂，福鼎茶厂迁福鼎后改为白琳茶叶初制厂。

9. 恒丰泰

蔡维露（1879—1940），字斯湛，号雨田，为白琳瓜园人。世代以种茶制茶为生，深知茶农的辛苦，他开设茶行每年向洋行提供大量白毫银针、白琳工夫红茶等茶叶。这些茶叶除了自家茶园产出的，还有周围乡农的"糊口茶"；茶农每年把当季茶叶送来过称记账，中秋领钱，双方信任默契，自不多言。1906 年，沙埕与福州通航。英商"义和洋行"以 150 吨位轮船在沙埕港垄断经营运输业，为了降低成本、压低茶叶收购价格，各个洋行、茶行推迟收购日期。眼看雨季将至，以茶为生的茶农叫苦不迭，就连许多大茶商也不知所措。蔡维露与"双春隆""合茂智"两大茶商协议，共同收集乡农茶叶，冒险出海。他以"为己利，为乡农利，亦为天下义"的精神，感召了大小茶农茶商，大家齐心协力，组结 20 余人共同起航下南洋。经历巨浪险礁及困苦的海上漂泊，一行人终于到达马来群岛。洋行接收到茶叶，为其冒险精神感动，付以高价。此行获利甚丰，为其开辟了新的茶路。

10. 联成商号

创办人陈炽昌
（1885—1969），字云盛，
点头广顺里人，因此其
早年招牌号叫"陈广顺"，
采办茶叶，主营白茶，
兼营红茶等。点头街曾
流传着一首打油诗："四
字拆开两个脚，广顺炽
昌采白茶。白茶采起真
好赚，顿顿吃酒配猪脚。"其排行老四，点头人都叫他为老四，打
油诗就是根据其名字和经营行当而来。陈炽昌曾经担任福州茶业会
馆"掌盘代"，相当于会馆的总管。

陈炽昌（右二）、梅伯珍（右一）、吴世和（左二）在福州会馆（陈振团供图）

11. 白茶合作社

李得光（1902—1981），又名华卿，点头龙田村人。1938 年，
李得光成立福鼎白茶合作社，任联社主任。李得光在 1966 年《福建
省文史资料》第 12 集就撰写文章《福鼎白茶——太姥白毫银针》：
"福鼎白茶驰名中外，系我国对外贸易的土特名产之一……白茶既
不见得芬香，也不一定止渴，但它性凉味淡，可以清脾提神，可以
驱除心火，调理胎毒，不仅是茶中上品，也是治病良药，农村中就
有'没有羚羊犀角，便用白毫心'之说。"他最早提出福鼎白茶概念，

比福鼎市政府 2007 年打造福鼎白茶品牌，整整提前 41 年。

12. 协和隆

创办人梅秀蓬（1903—1951），字贤莱，16 岁随父亲梅毓职经营茶叶，生意做得风生水起。在福州，建造规模

北伐将领何应钦赠匾"纯嘏尔常"

较大的茶商会馆，起名"协和隆"（今福州鼓楼区八一服务社）。国共合作时期北伐第一军将领何应钦率部进驻福建时，梅秀蓬作为榕城富商捐献钱粮和茶叶给何部，得到当局嘉奖。1927 年梅秀蓬的母亲叶氏过花甲之庆，何应钦得知后以福建全省政务的名义赠送匾额祝寿，匾额文以"纯嘏尔常"赞颂，匾今存于点头镇柏柳村。

（二）非遗传承

2011 年 5 月，《国务院关于公布第三批国家级非物质文化遗产名录的通知》〔国发（2011）14 号〕，福鼎白茶制作技艺列入第三批国家级非物质文化遗产名录，序号 1183，项目（传统技艺）编号 Ⅷ-203。2016 年 12 月，《福鼎市人民政府办公室关于公布福鼎市第二批非物质文化遗产项目代表性传承人的通知》〔鼎政办（2016）196 号〕公布传承人 13 人。至此，福鼎白茶制作技艺代表性传承人

国家级 1 人，省级 1 人，宁德市级 2 人，福鼎市级 14 人，共 18 人。自 2012 年，在点头镇柏柳村白茶古作坊举办国家级非遗福鼎白茶制作技艺传承传习培训班，采取理论学习与实践操作相结合，使学员真正认识和掌握福鼎白茶古老传统制作技法。2017 年福鼎白茶文化系统正式入选第四批中国重要农业文化遗产名录。

1. 梅相靖

1948 年生，点头镇柏柳村人，生在茶业世家，是茶人梅伯珍第三代嫡传，自小跟从父辈学习制造各茶叶品种，为福鼎白茶制作技艺的第三代传人。梅相靖立足柏柳村，擅长茶青萎凋技艺和对白茶轻微发酵程度的把握，并开展手工制作时不同气候下萎凋技术的研究与探索。50 多年来坚持学茶、制茶，致力于茶园经营管理，

梅相靖

探索茶叶的采摘与制作方法。2008 年，柏柳村白茶专业合作社成立以后，开始以办培训班形式，集体讲解教授传统工艺制作白茶方法，普及白茶制作加工技艺，配合文化部门积极开展传习，80% 以上茶农能熟练掌握白茶制作技术。

2012 年 12 月，梅相靖被确认为第四批国家级非物质文化遗产名录福鼎白茶制作技艺代表性传承人。

2. 林健

林健又名林振传，1968 年生，白琳镇棠园村人。1992 年师从新工艺白茶创始人王奕森，创建福建品品香茶业有限公司。2018 年 2 月被确认为福建省第四批非遗传承人。

林健

3. 王传意

1975 年生。清初期，祖上从安溪迁入武洋，世代制茶。王传意自小师从其父，在前岐武洋八斗国营茶厂学做茶叶，2010 年创办福建鼎白茶业，2017 年被确认为宁德市级非遗传承人。

王传意

4. 林有希

1963 年生，1980 年进入福鼎茶业局从事茶叶机械技术工作，后师从茶人王奕森，创办福建省天湖茶业有限公司。2017 年被确认为宁德市级非遗传承人。

林有希

福鼎市级非遗传承人

姓 名	简 介
梅传生	师从朱家景、李才培等制茶师。2013 年 8 月被确认为福鼎市第一批非遗传承人
耿宗钦	师从蔡乃叠、王奕森、叶诗相等人，曾担任白琳茶厂厂长
张礼雄	祖辈张永德（1811—1874）开始业茶，1863 年，取元房为"张元记"茶号
吴健	祖父吴世和于民国时期创立了"双春隆""第一春"两大茶馆。20 世纪 90 年代创立春隆茶业
王志平	1980 年在闽东技校福鼎分校茶叶专业学习，跟随王奕森师傅学习白茶传统制作工艺
陈家瑞	1993 年开始从事茶叶栽培、生产与营销，创建瑞达茶企
叶芳养	国家高级评茶师。受父辈的熏陶，自幼就开始与家人一起采制茶，创建芳茗茶企
庄长强	师从梅相靖，创办六妙茶业、茶枕工坊，建立万亩茶园基地、六妙茶产业生产中心、六妙白茶点头交易中心
林飞应	1980 年在闽东技校茶叶精制专业学习，曾在国营福鼎茶厂白琳分厂工作，后任福鼎茶厂厂长
邵克平	师从王奕森，是品品香"福建省技能大师工作室"负责人
蔡良绥	20 世纪 80 年代得到福鼎茶业专家夏品恭指导，从事福鼎大白茶种苗繁育、种植及白茶手工加工，创建裕荣香茶企
曾兴	师从制茶师傅缪佑贵和父亲曾步尘，在国营福鼎茶厂担任茶叶评审员，负责全县 11 个茶站进厂茶叶加工品质评审鉴定
周庆贺	传承家学，成立誉达茶企，设立传统制茶工作室，开展传统茶制作的传帮带，培养制茶徒弟
张郑库	师从王奕森学习福鼎白茶制作技术，创建东南茶业有限公司

后记

2007年，福鼎白茶还是一个刚刚注册的品牌。经过10多年的品牌推广，福鼎白茶品牌价值已达38.86亿元，连续9年进入中国茶叶区域公用品牌价值十强，成为中国茶界一颗冉冉升起的新星。这一茶叶品牌锻造的奇迹，与福鼎市委市政府的重视和支持是分不开的，也与福鼎白茶本身的特质紧密相关。

福鼎白茶具有地域唯一性、工艺天然性、功效独特性、可收藏性的特征，以及多种随性泡法给消费者新的体验。北纬27°为"白茶黄金带"，蕴育着"华茶1号"之福鼎大白茶和"华茶2号"之福鼎大毫茶茶树品种，茶叶专家认为它们是天生制作白茶的良种，芽叶上丰厚的茸毛使福鼎白茶充满毫香蜜韵。

为了更好地弘扬福鼎白茶的文化内涵，让更多人认识福鼎白茶，我们编写了《福鼎白茶》一书。本书由陈兴华任执行主编，杨应杰负责稿件组织和统稿工作，引用本土作家钟而赞、吴守峰、雷顺号、冯文喜原创文章，福鼎市茶文化研究会陈迪和茶业发展领导小组办公室王千潮、林乃设、李畏畏等参与编写工作。陈兴华、施永平、陈昌平、吴维泉、林刚生、曾云斌、李步登、刘启及国内摄影家提供图片，罗健提供装帧美图，马树霞、陈振团、梅相靖、周宗燕提供历史照片和文物。对以上为本书付出努力的人员表示衷心的感谢！

由于专业知识和学识水平所限，掌握资料不全，加之时间仓促，错漏难免，恳请读者指正！

《福鼎白茶》编委会

2019年1月